轻柔毛皮
p23 / p22

随心绒球
p24 / p62

暧昧褶边
p26 / p28

褶皱之花　　　　雏菊　　　　　　连续主题
p30 / p64　　　 p31 / p61　　　 p32 / p34

用线一览表　66
钩编基础　　67

菠萝花 a

中心处采用蓬松的爆米花针编织法，边缘编织成像花瓣一样的菠萝花片。爆米花针编织部分只占少许比例，是为了把花瓣凸显出来。

线 / Hamanaka Bonny　设计 / 早川 靖子　制作 / 伊藤 和枝
编织方法 / 第 38 页

反面是用长针编织的贝雷帽形状。你爱上它了吗？

正面

反面

与毛线坐垫一起，度过暖烘烘的每一天。

菠萝花 b

这款坐垫爆米花针编织部分所占比例较多，花瓣部分则较少。
整片织物令人心动的同时，纯色的配色设计也给人简约、质朴的印象。

线 / Hamanaka Bonny　设计 / 早川 靖子　制作 / 伊藤 和枝
编织方法 / 第 38 页

反面与菠萝花 a 虽然相同，但中间贝雷帽部分的折返部分要稍短一些。

正面

反面

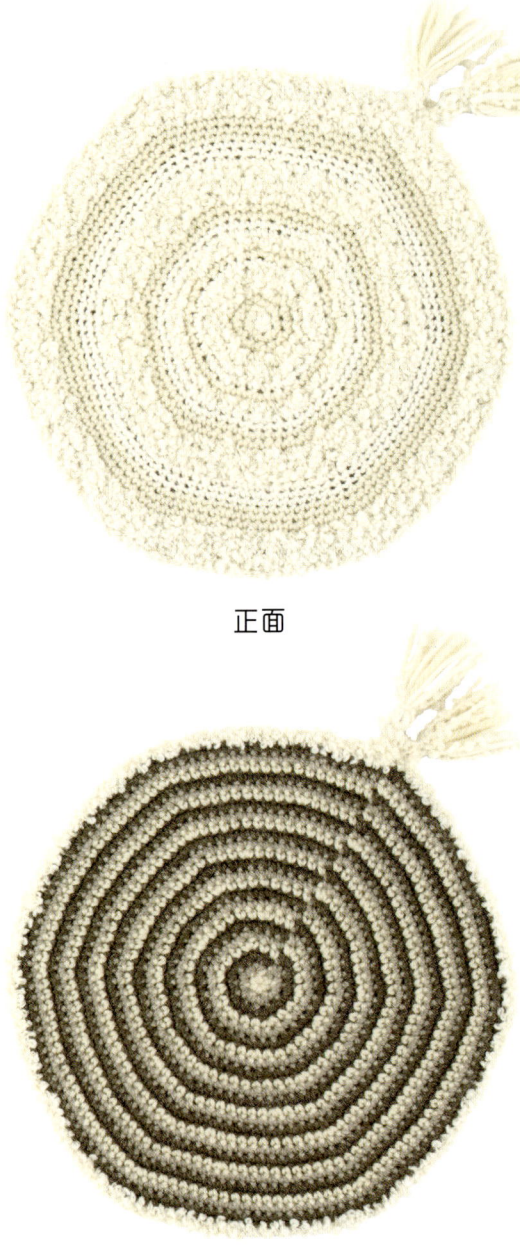

正面

反面

毛绒绒的 Loop 线织成的可爱正面 VS 反面纹路战队，谁胜谁负？

双面缠绕

正面可以享受到 3 种不同质感的毛线自然融合成一体的乐趣。
反面则可以感受到纹路的奇妙。可以根据心情来随意选用。

线 / Hamanaka Sonomono Roving、Sonomono 超粗线、Sonomono Loop
设计 / 古谷美智子　制作 / 木下直子　编织方法 / 第 42 页

徘徊在窗边，寻找与阳光最接近的地方。

正面 & 反面

正面和反面花样一致。
正中间的圆圈是两片织物叠在一起而成的，厚度令人安心。

褶边万岁！

在上世纪 70 年代出版的《世界编织物》上 一见钟情的华丽坐垫。
原本是闪闪发亮的配色，现在变换为北欧风，平添了几分成熟的质感。

线 / Hamanaka Bonny　制作 / 古谷美智子
编织方法 / 第 44 页

多彩花片 a

将彩色的圆形花片连接起来的可爱小物。
钩针织法带来的厚度非常适合编织坐垫。

线 / Hamanaka Of Course!Big　设计 / 林 久仁子
编织方法 / 第 46 页

反面编织成美味的米饼形状。

正面

反面

与美好的东西一起度过的闲适时光。

多彩花片 b

光栅之色是能带来平和、健康的颜色。
加入羊毛和羊驼毛线，不仅易于编织，温暖度也同时上升。
线 / Hamanaka Of Course!Big　设计 / 林 久仁子
编织方法 / 第 46 页

花片的正面与反面截然不同，编织反面之前请仔细查看。

正面

反面

随手一放，便是我的特等席。

花片主题

在空荡荡的房间里，放上毛线编织的坐垫，那里便成了我的专属阵地。
今天是在起居室的电视机前，明天……要放在何处呢？

线 / Hamanaka Bonny　设计 / 早川 靖子
编织方法 / 第 48 页

反面是用长针编织的 1 片织片，正面是花团锦簇的模样。

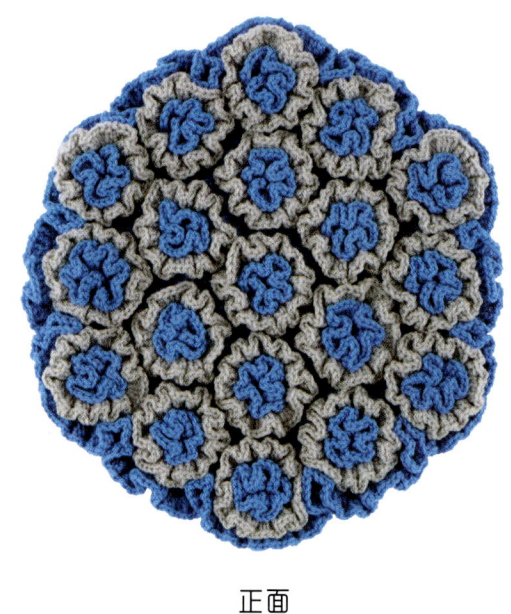

正面

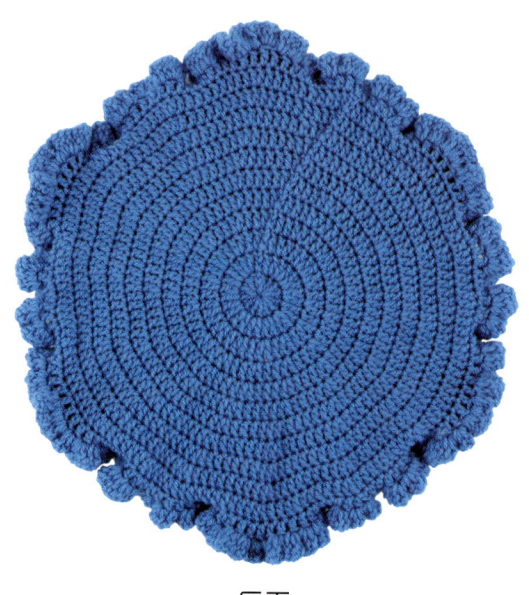

反面

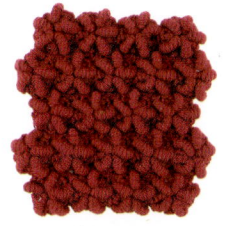

正面

反面

反面看起来既复杂又格外有趣。
有点儿着迷了。

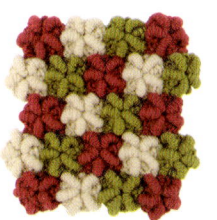

正面

反面

只是纵向一列变换了颜色，便透着
一股复杂劲儿，真是不可思议。

排列卷编

用粗毛线和钩针编织而成的花片，如同冒泡泡的海星一般。
仅仅 1 片就能达到如此膨松的体积，这就是卷编的力量。

线 / Hamanaka 超粗 Bonny　设计 / 古谷 美智子　制作 / 木下 直子
编织方法 / 第 12 页

排列卷编 第11页

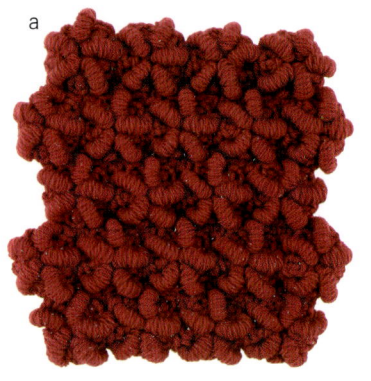
a

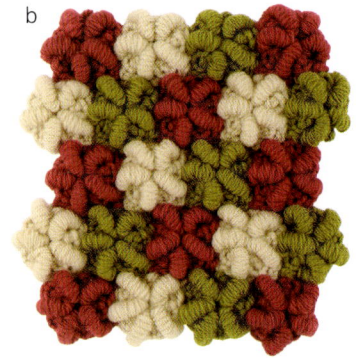
b

[准备用具]
- 线…Hamanaka 超粗Bonny
  a 深粉色(7) 5卷
  b 深粉色(7)、米色(2)、橄榄色(12) 各2卷
- 钩针…8mm

[尺寸] 约32.5cm×32.5cm

编织方法：
钩针环形起针，用中长针的爆米花针和10圈卷针法交替编织。从第2枚开始在指定位置引拔拼接，拼接完毕后即完成。

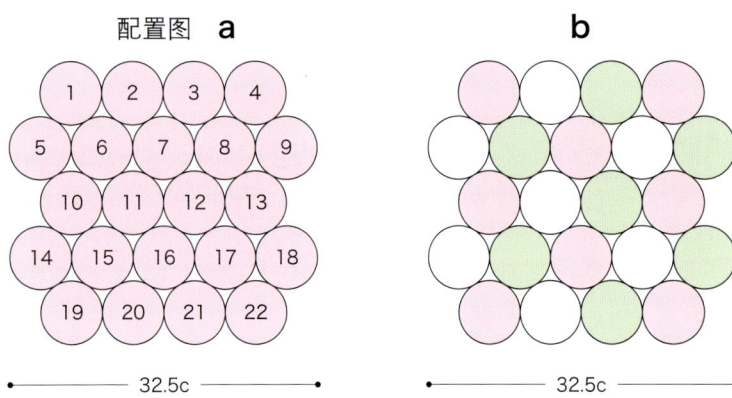

配置图 a   b

32.5c   32.5c

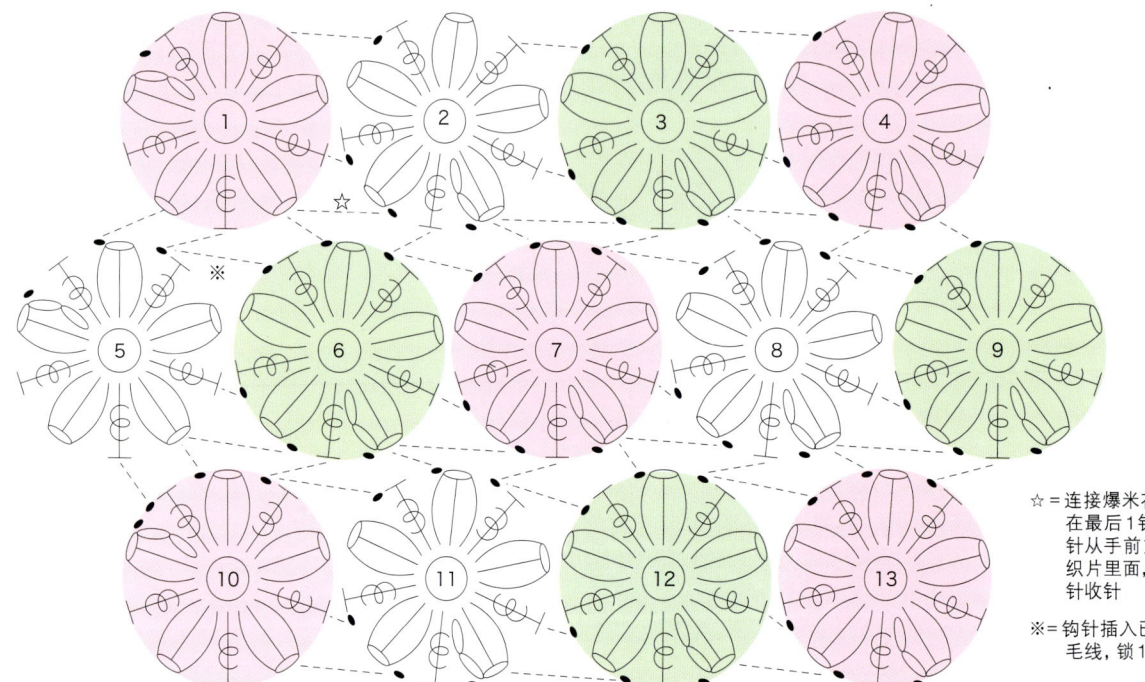

☆＝连接爆米花针部分的时候，在最后1针锁针之前，将钩针从手前方插入爆米花针织片里面，拉出毛线再锁1针收针

※＝钩针插入已连接针目，拉出毛线，锁1针收针

卷针编织法　　诀窍是：宽松绕线，以便钩针顺利拔出

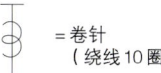
= 卷针
（绕线10圈）

= 中长针3针的爆米花针

6.5c

1　在钩针上绕线10圈。

2　在环形中间插入钩针，挂线，直接穿过线圈引拔拉出。

爆米花针编织法

3　拔针完成。

4　再挂线引拔拉出。

5　绕线10圈卷针完成。

6　钩织中长针3针。

7　暂时抽出钩针，在最初的针目和第3针处，从手前方重新插针，拉出第3针。

8　再锁1针拉出。中长针3针的爆米花针完成。

9　卷针、中长针的爆米花针交替编织，织完后再在最初的针目处引拔拉针。

10　1个花片完成。

花片连接方法　　连接卷针织片的情况

11　将第2枚花片连接到卷针头部位置。

12　在花片正面插针挂线。

13　引拔拉出。

14　再锁1针收针，继续爆米花针钩织。

13

南风条纹

华丽复古的配色情调,让人不由得想起南方小岛上欢快的音乐和往来的行人。
颜色所赋予的暖意,是抵御寒冷的简易之法。

线 / Hamanaka Bonny　设计 / 古谷 美智子
编织方法 / 第52页

正面

反面

正面和反面大致是用同样方法编织的,只是缘编针脚略有不同。

让来自南国小岛的魔法,充满整个冬日里的房间吧。

复古波纹

在某家时尚咖啡店里,偶遇了这种坐垫,草绿色和天蓝色的交织渐变让人心醉。
希望你也能享受到这种色彩变换的乐趣。

线 / Hamanaka Bonny　设计 / 早川 靖子　制作 / 松本 明枝
编织方法 / 第 50 页

织物的正反面是风格迥异的条纹。

正面

反面

无论是谁，总有一个最喜欢的角落。

羊毛小圆垫

虽说坐垫的功能就是被人坐……但外观也是十分重要的！
不坐的时候也可以成为一幅画，就像迷糊、天然的小绵羊一般可爱。
线 / Hamanaka Grand Etoffe、Of Course!Big
设计 / 冈本 启子　制作 / 松富 千香子　编织方法 / 第 54 页

正反面都使用了羊驼毛线，肌肤触感超级赞！！
正面用短环针针法，反面则用短针针法。

正面　　　反面　　　正面　　　反面

开心爆米花

这里,似乎就是哪个"舒适控"最中意的角落了。
虽然我也很喜欢……

线 / Hamanaka Bask　设计 / 冈本 启子　制作 / 笠川 美代子
编织方法 / 第 41 页

采用结实的超粗毛线,用爆米花针编织而成。即使只是单片,厚度也足够了。

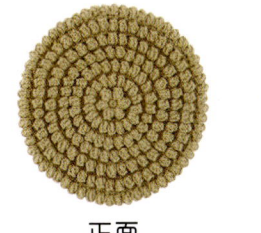

正面

反面

雪之薄片

在样式简单的底垫上,贴上喜欢的图案用来装饰。
根据创意的不同,可以衍生出许多花样儿。

线 / Hamanaka 超粗 Bonny、Of Course!Big　　设计 / 早川 靖子
编织方法 / 第 53 页

用短针针法编织 2 枚底垫,贴上雪花主题的图案就可完工。

正面

反面

正面

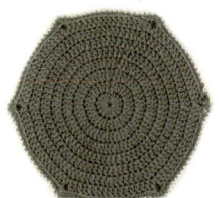

反面

正面是盛开的白色小花,有种出乎意料的复杂感,具体请见织法注释。

仿佛时间可以倒退,房间里充满了怀旧的氛围。

雪花

仿佛时间倒退般的感怀,有种日本昭和时期复古风的意境。
在伴着毛线坐垫的风景里,内心也不可思议地宁静、平和起来。
线 / Hamanaka Bonny　设计 / 早川 靖子
编织方法 / 第56页

枯叶飘落,漫漫秋夜,何以遣怀?

辫子代码

有没有发现过自己,在某个时刻,
明明有漂亮的沙发却不坐,而喜欢赖坐在床上?

线 / Hamanaka Of Course!Big　设计 / 冈本 启子　制作 / 佐伯 寿贺子
编织方法 / 第 58 页

一边编织辫子织片,一边连接。单片。

正面

反面

回归主题

像这样的四方形坐垫，如果用粗毛线进行编织的话，
可以省却填充夹棉再缝入内袋的工夫。

线 / Hamanaka Bask　设计 / 冈本 启子　制作 / 铃木 惠美子
编织方法 / 第60页

将用粗毛线编织好的四角花片连接起来，这款也是单片的。

正面

反面

轻柔毛皮

配色

	作品a	作品b
	灰粉色	茶色
	粉红色	象牙色

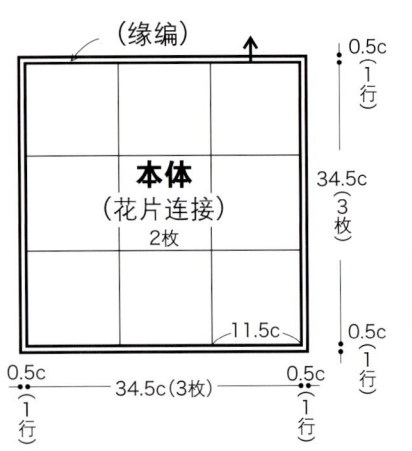

［准备用具］

●线…Hamanaka Men's Club Master
a 灰粉色（55） b 茶色（59）各3卷
Hamanaka 轻柔系！《Multi Color》
a 粉红色（54） b 象牙色（59）各4卷

●钩针…10/0号

［尺寸］约35.5cm×35.5cm

［编织方法］

正面・反面…钩针环形起针，从第2枚花片开始进行引拔针连接。按同样方法钩织2片织片。

收尾…正面和反面2枚织片用缘编法连接收尾。

※2枚织片用缘编连接

花片 18枚

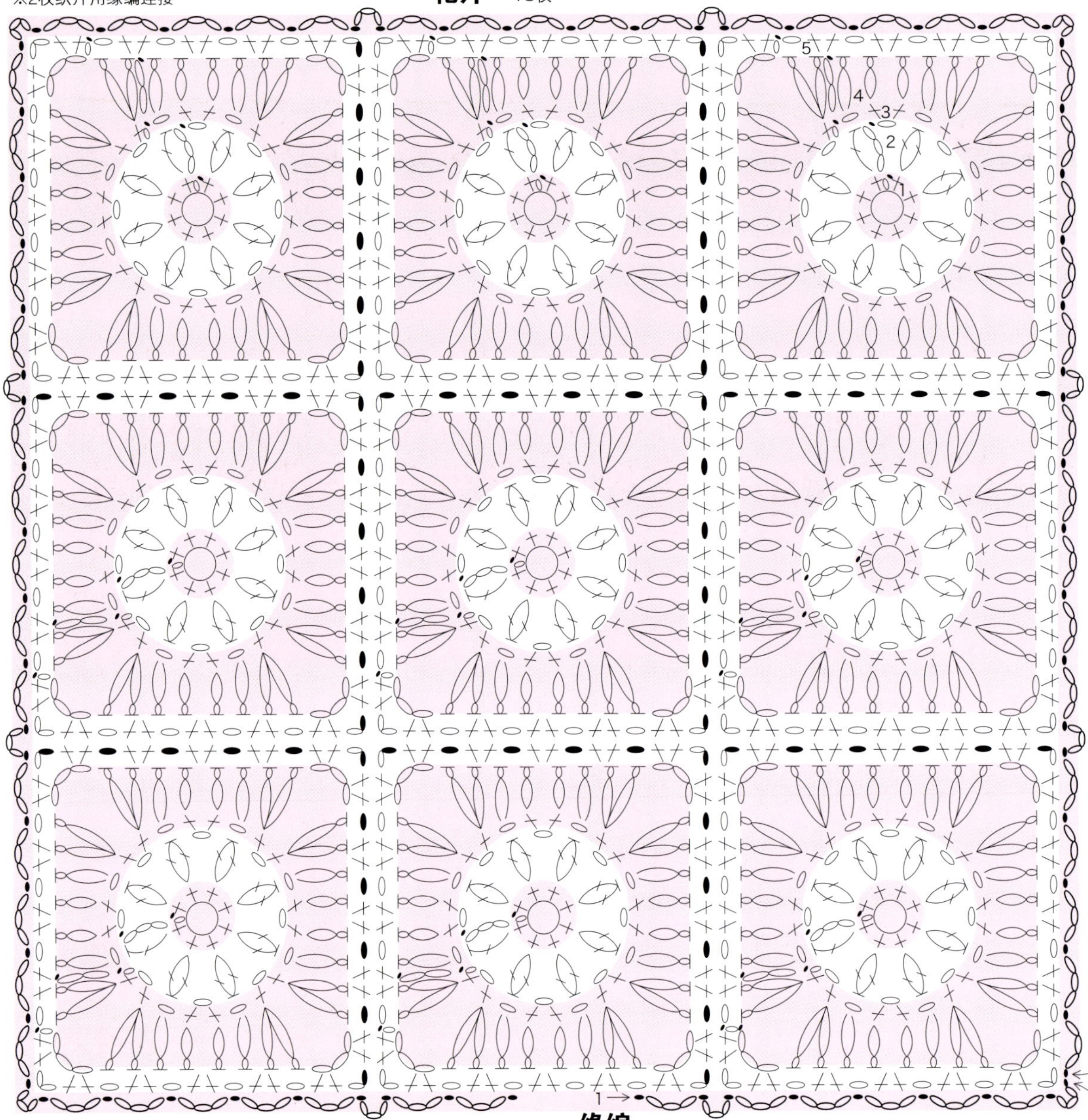

缘编

轻柔毛皮

使用像毛皮一般的毛线,肌肤触感轻柔、光滑。
午睡时,仿佛抱着抱枕一样,简直都不想起床了。

线 / Hamanaka 轻柔系!《Multi Color》、Men's Club Master
设计 /Sachiyo * Fukao　制作 / 有邻 隆惠

按照同样方法编织反面。无论哪面都可以当作正面使用,急用之时超方便!

正面 & 反面

正面 & 反面

一骨碌躺下，昏昏欲睡的午后。

随心绒球 方形

和谐的配色，绒球间碰撞、聚拢的感觉实在太棒了。
散发着平和气息的坐垫，跟沙拉盘一样可爱。
线 / Hamanaka 超粗 Bonny、Bonny
设计 / 笠建 绫　编织方法 / 第 62 页

反面虽然不大可能会当作正面使用，但仍然小巧可爱。

正面

反面

正面

反面

按小·中·大规整排列着,
中间的结扣是亮点所在。

随心绒球 圆形

叽里咕噜排排坐的绒球轻柔、松软,正招手说道:"不来睡个午觉吗?"
这才是礼貌热情的绒球范儿。

线 / Hamanaka 超粗 Bonny、Bonny、中粗 Bonny　　设计 / 笠间 绫
编织方法 / 第 62 页

暧昧褶边

加入了羊驼毛和羊毛的毛线,配色柔和。
这是选择走自然风的一款设计。与房间融为了一体。
线 / Hamanaka Of Course!Big　设计 / 冈本 启子　制作 / 播口 久子
编织方法 / 第 28 页

放在手边的圆凳上,
再多放几层也无妨。

正面

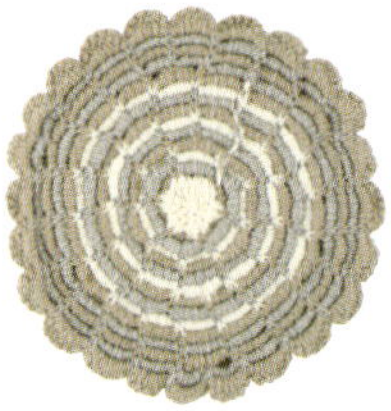

反面

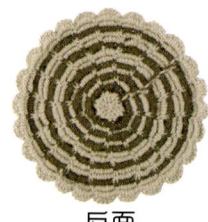

正面　　反面

空气静悄悄的,思绪跟着夜晚一起沉溺。

暧昧褶边

色彩明艳、奔放。即便只是看着自己中意的颜色的小物件,也能变得幸福起来。就好比维他命一般,不可或缺。

线 / Hamanaka Of Course!Big　设计 / 冈本 启子　制作 / 播口 久子
编织方法 / 第28页

单片织物如图。即使没有反面一层,动感的褶边厚度也足够了。

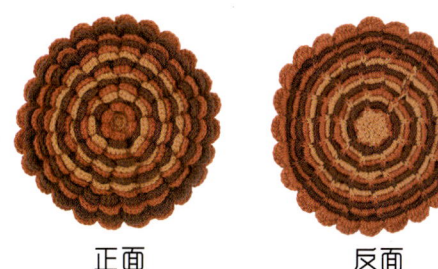

正面　　反面

暧昧褶边 第26页

[准备用具]
- 线…Hamanaka Of Course!Big
  a 红色(112)、胭脂红色(105)各3卷 橙色(104)2卷
  b 浅驼色(103)、灰色(102)各3卷 白色(101)2卷
  c 浅驼色(103)、深茶色(106)各2卷
- 钩针…10/0号

[尺寸] 直径约38cm

[编织方法]
参照配色图,钩针环形起针,进行花样编织。织完1枚即完成。

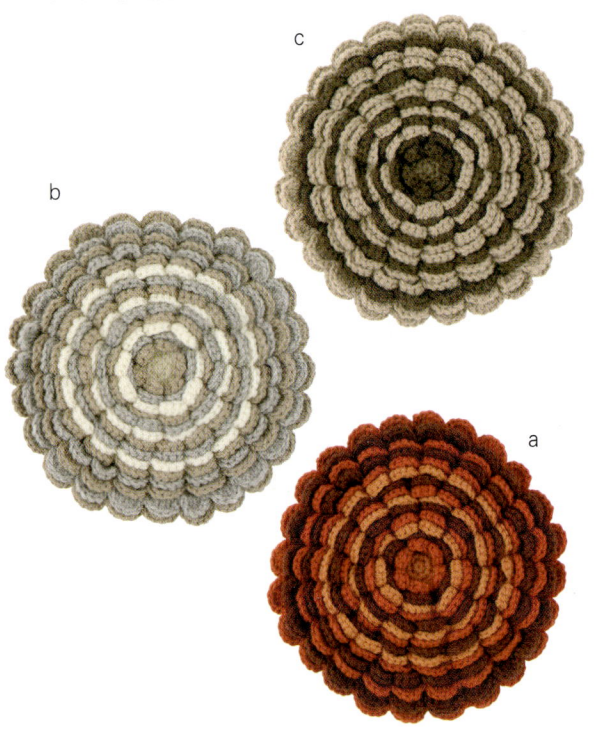

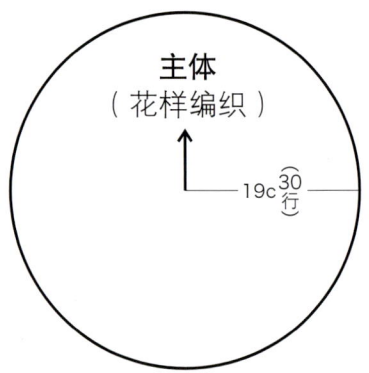

主体
(花样编织)

19c 30行

分步教程!

换线方法、花瓣织法

1 一行织完后,在最初的针目处引拔拉针。

2 在第4行替换配色线时,在第3行处引拔拉针,将已编入的线挂在钩针上,将下一步要换的线引拔织入。

3 第4行用红色线钩织。第5行钩织1针立起的锁针。

4 将第4行的花瓣倒置于手前方,在第3行的短针上,进行第5行的短针编织。

5 接下来锁4针,然后跟步骤4一样进行短针编织。

6 短针编织完成。

7 锁4针和短针循环编织一周。在最初的针目处引拔拉针时,换上第6行的线。

8 第6行将锁针成束挑起钩织。

配色	作品a	作品b	作品c
30行	红色	浅驼色	浅驼色
28、29行	胭脂红色	灰色	浅驼色
26、27行	红色	浅驼色	深茶色
24、25行	胭脂红色	灰色	浅驼色
22、23行	红色	浅驼色	浅驼色
20、21行	橙色	白色	深茶色
18、19行	胭脂红色	灰色	浅驼色
16、17行	红色	浅驼色	浅驼色
14、15行	橙色	白色	深茶色
12、13行	胭脂红色	灰色	浅驼色
10、11行	红色	浅驼色	深茶色
8、9行	橙色	白色	浅驼色
6、7行	胭脂红色	灰色	深茶色
4、5行	红色	浅驼色	深茶色
1～3行	橙色	白色	浅驼色

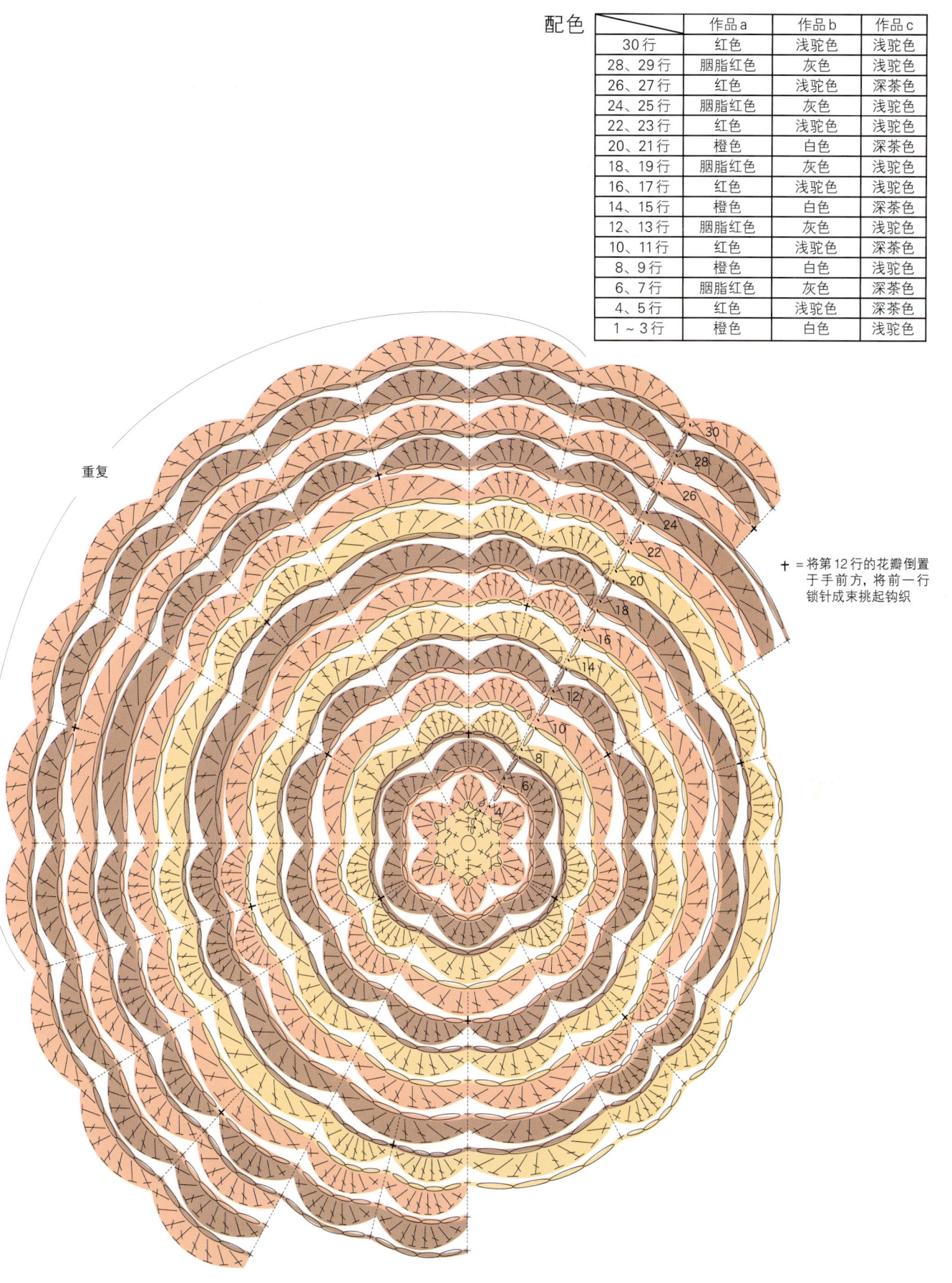

✛ = 将第12行的花瓣倒置于手前方,将前一行锁针成束挑起钩织

褶皱之花

第一次见到这个作品也是在《世界编织物》这本书上。
宽松、舒适的褶皱边缘配色，看起来就跟点心一样松软。

线 / Hamanaka Bonny　制作 / murako
编织方法 / 第 64 页

正面

反面

正面只用很少的毛线，反面编织成
条纹，慢慢将线用完吧。

正面

反面

中心的花瓣和白色底层使用同样的钩织方法,只是边缘看起来不一样。

甜蜜的东西和甜美的梦,茗茶呼吸之间,便入心来。

雏菊

等春天到来时,也让房间里开出小小的花朵吧。
在你烦恼究竟该用什么颜色进行编织时,似乎转瞬间春天就来到了身边。

线 / Hamanaka Bonny　设计 / 早川 靖子
编织方法 / 第 61 页

连续主题 方形

一种颜色一种颜色地编织。
每完成一种颜色，坐垫也就慢慢变大成形了。

线 / Hamanaka Bonny　设计 / 早川 靖子　制作 / 松本 明枝
编织方法 / 第 34 页

不用绕线起针，直接将圆环编织进来，即可完成一个连续主题的花片。

正面

反面

坐在坐垫上，
似乎还能感受到她编织时的温暖心意。

连续主题 小花

跟方形款是同样的织法，爆米花针组合编织的小花花片。
一个一个连接起来，就能变成很了不起的作品哦。

线 / Hamanaka Bonny　　设计 / 早川 靖子　　制作 / 松本 明枝
编织方法 / 第34页

反面是用长针编织而成的，每行需要变换颜色。简单而不失美丽。

正面　　反面

连续主题 第32页

a

b

[准备用具]
- 线…Hamanaka Bonny
  a 红茶色(483)、茶色(480)各3卷 浅驼色(417)2卷
  b 灰粉色(489)、浅驼色(417)各3卷 芥末黄色(491)2卷
- 其他…编织用圆环8mm，各85个
- 钩针…8/0号

[尺寸] a 约44cm×44cm　b 约43cm×43cm

[编织方法]
正面…按配色图从中间开始编织连续主题的花片。
反面…钩针环形起针，编织1整片大的连续主题花片。
收尾…将正面和反面2枚织片对齐，用缘编法连接。

正面　※＋=第3行覆盖住前2行进行编织　　将正面和反面2枚织片对齐重叠，一起挑针编织4行

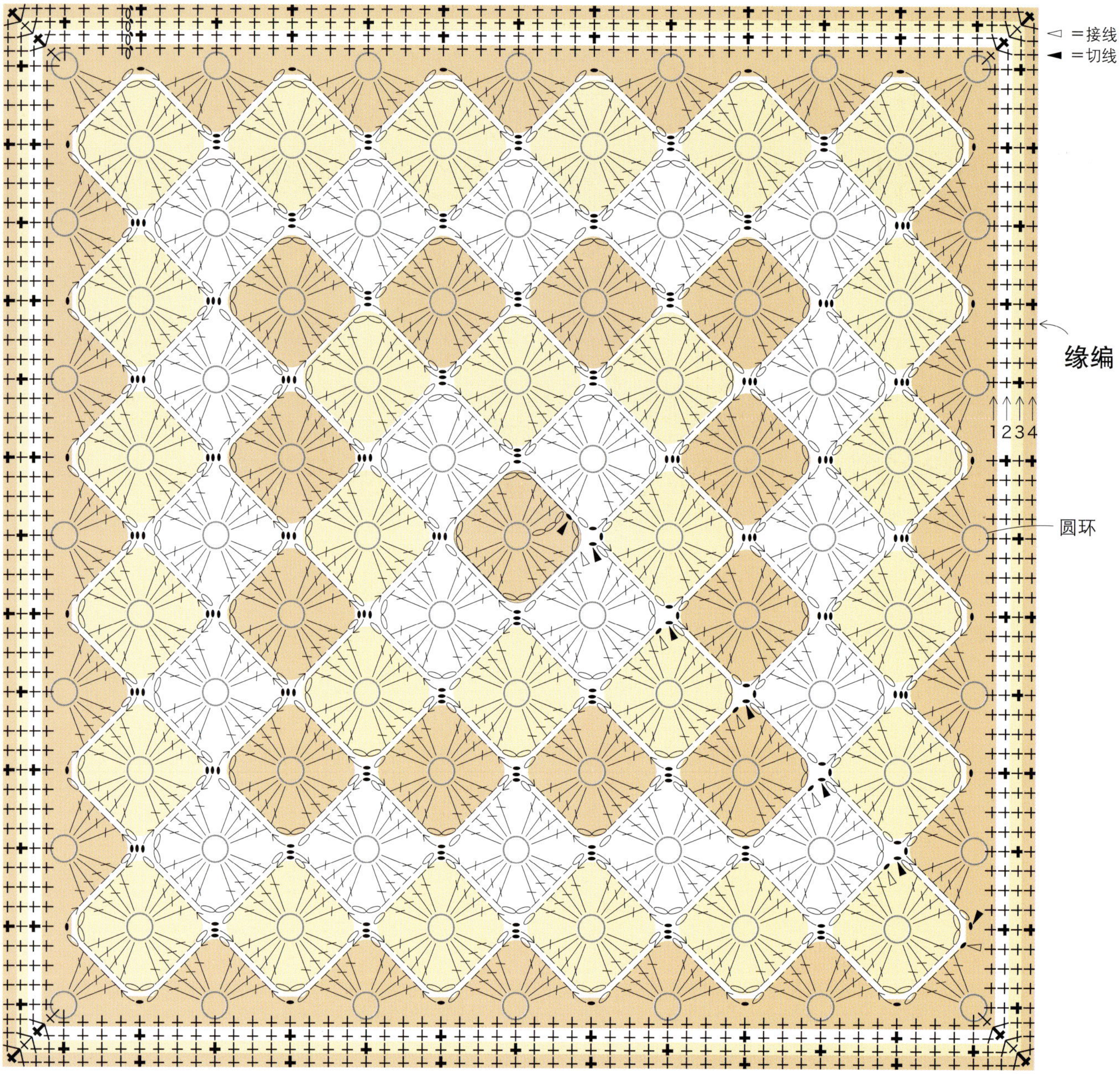

▷=接线
▶=切线

缘编
↑↑↑↑
1 2 3 4

圆环

※连续主题花片的编织步骤请参照p.36

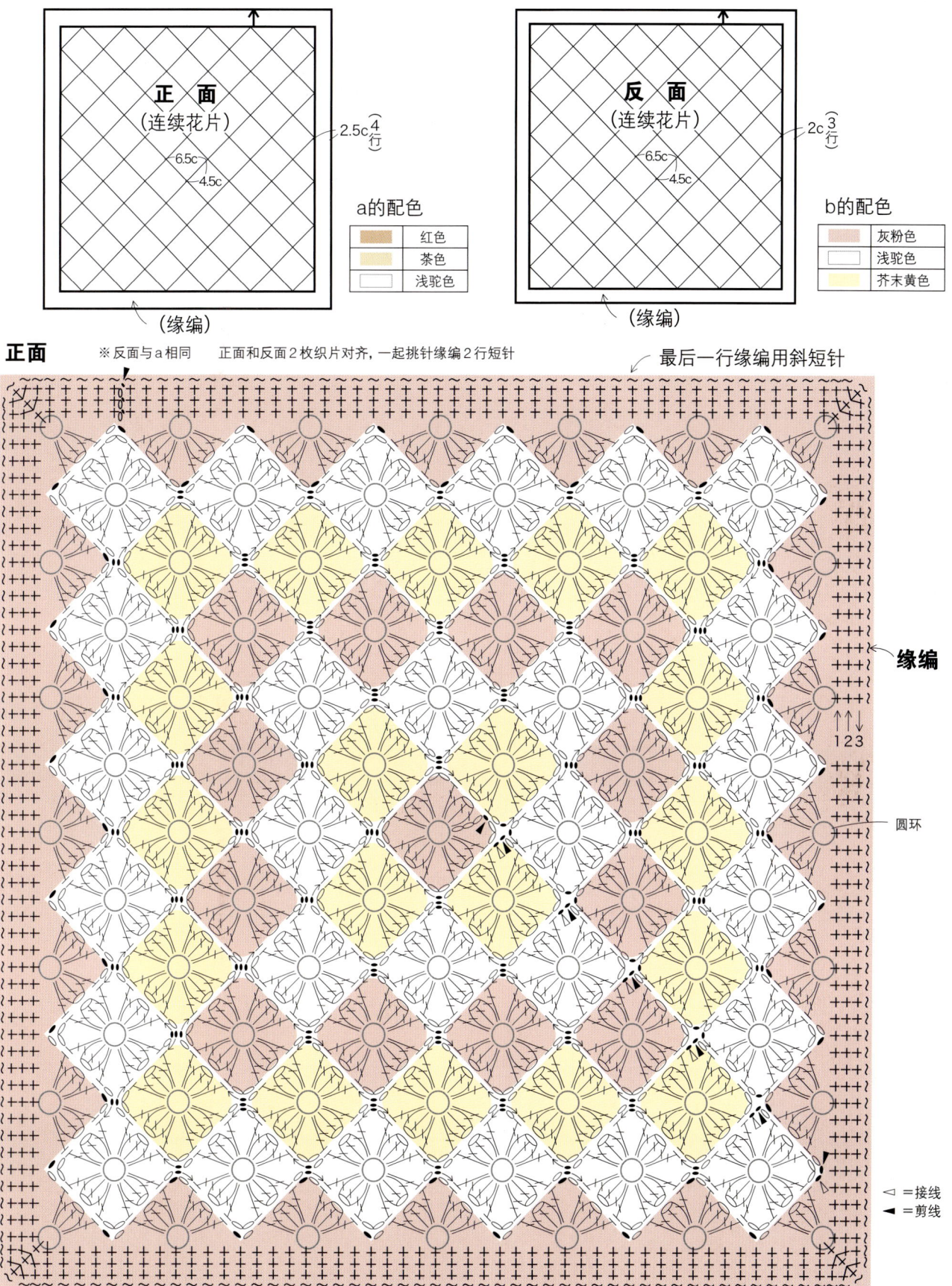

分步教程！

连续主题花片的织法　不用绕线环形起针，而是用圆环进行编织

1 从圆环处拉出毛线。

2 钩织3针立起的锁针。

3 在圆环处钩织长针，编织正中央的主题花片。

4 从主题花片的一个边角，拉出下一根配色线，用长针针法将第2个圆环编织进来。

5 钩织1针长针。

6 继续长针3针、锁针1针，编织完成1/4的主题花片。

7 先取出钩针，然后再从第1枚花片的另一个边角的正面处重新插入钩针。

8 从主题花片的边角处拉出毛线。

9 锁1针，这样边角就连接好了。

10 下一个圆环也按同样方法编进主题花片的1/4处。

11 在正中央的主题花片周围，连接上1/4的主题花片。

12 连接完成。接下来为了完成整个主题花片，继续编织。

13 编织好第1枚主题花片，连接边角处。

14 接着继续完成主题花片。

15 在主题花片的边角处，用引拔针将下一根配色线编织进来，并用长针织入圆环。

16 编织1/4主题花片，连接边角处。

 17 需要二次连接编织时,将钩针插入上一行的锁针收针处,按同样要领进行连接。

 18 边角连接完成。

 19 继续编织另一边。

 20 重复编织1周,逐步编织出1/4、1/2的主题花片,直至完成。

反面

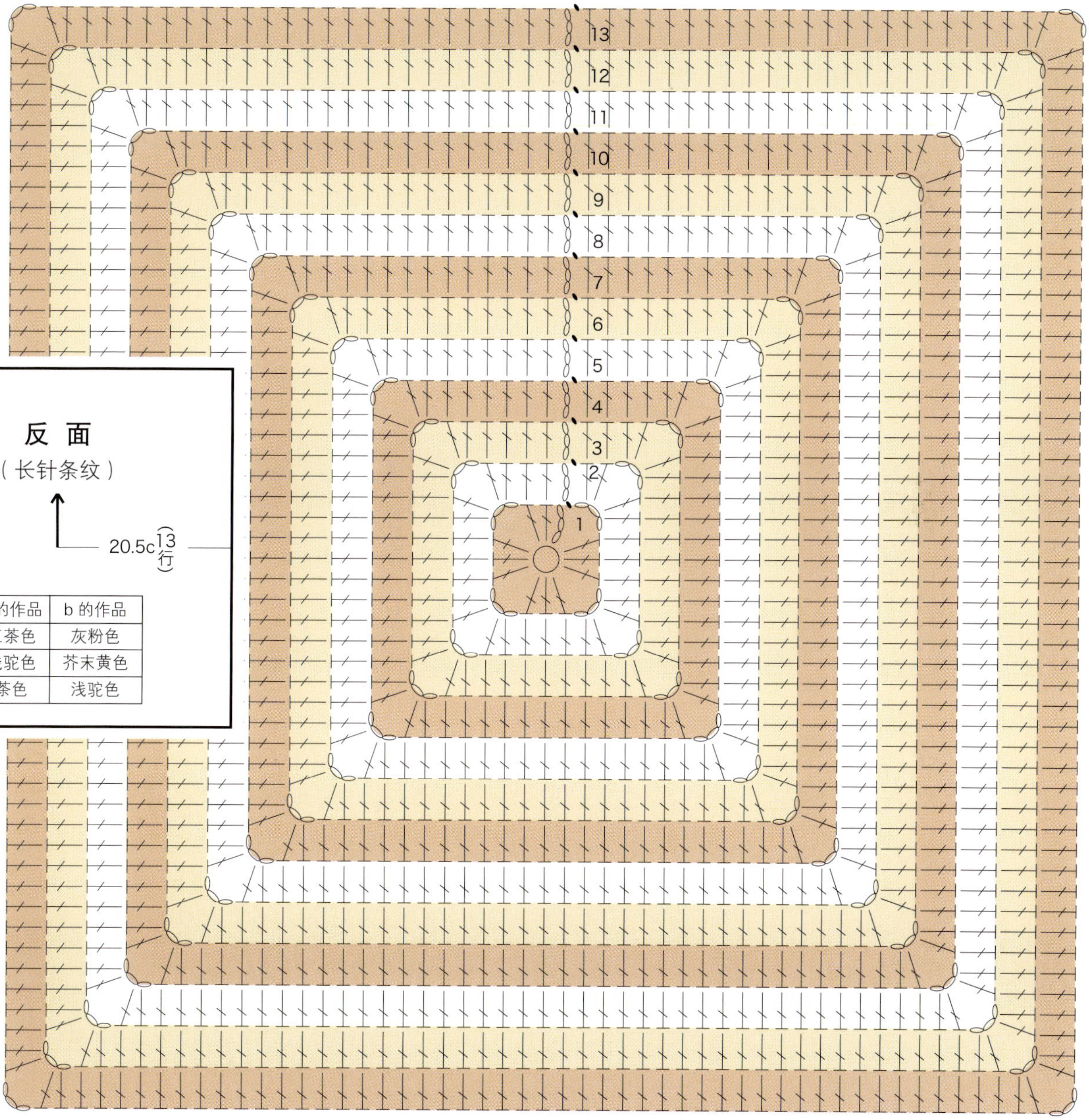

反面
(长针条纹)

↑
20.5c(13行)

配色

	a 的作品	b 的作品
	红茶色	灰粉色
	浅驼色	芥末黄色
	茶色	浅驼色

菠萝花 第4页

[准备用具]
- 线…Hamanaka Bonny
  a 灰色(486)8卷
  b 浅驼色(417)7卷
- 钩针…8/0号

[尺寸] a・b 直径均约40cm

[编织方法]
正面…钩针环形起针,用爆米花针针法编织。
反面…钩针环形起针,用长针针法编织。
收尾…将反面折向正面,2枚织片对齐,一起编织成菠萝模样的花片。

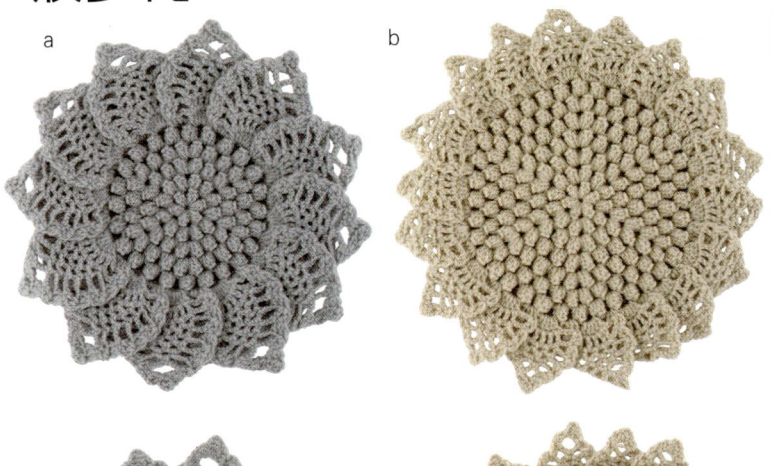

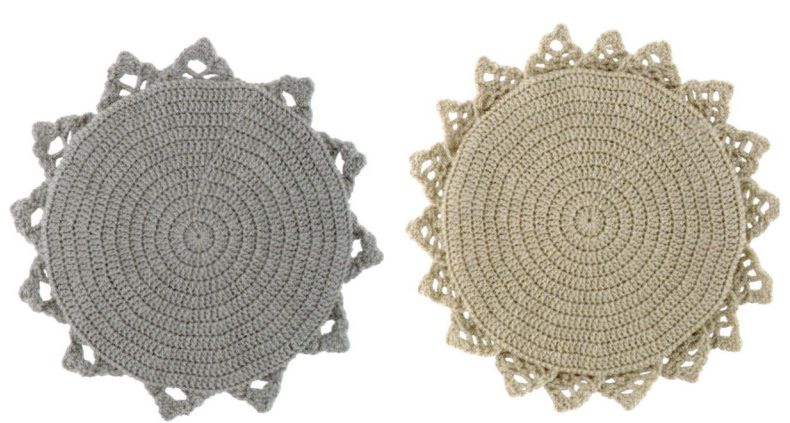

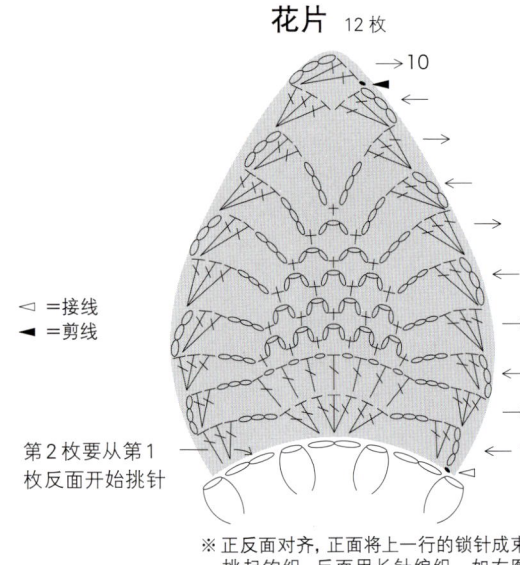

花片 12枚

◁ =接线
◀ =剪线

第2枚要从第1枚反面开始挑针

※正反面对齐,正面将上一行的锁针成束挑起钩织,反面用长针编织。如右图(参照p.39)所示挑针编织花瓣。

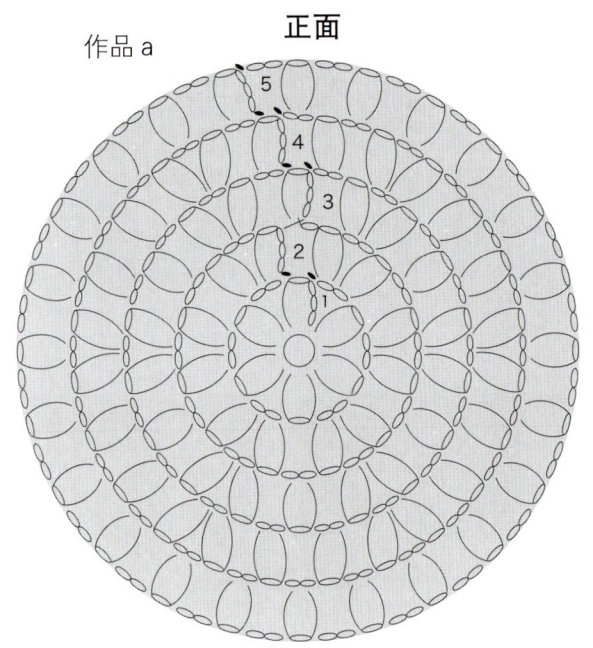

作品 a　正面

5	72针
4	72针
3	54针
2	36针
1行	18针
针数表	

※ ⌒ = 长针5针的爆米花针

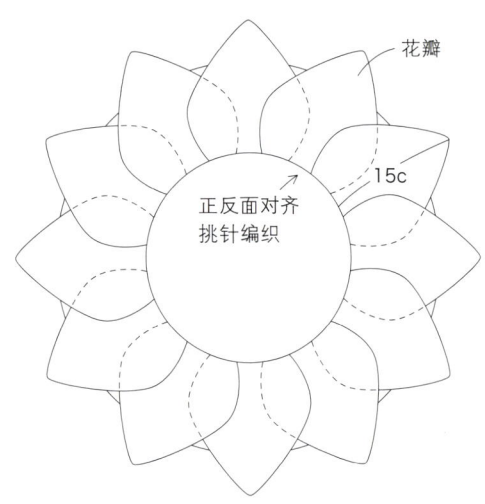

花瓣

15c

正反面对齐挑针编织

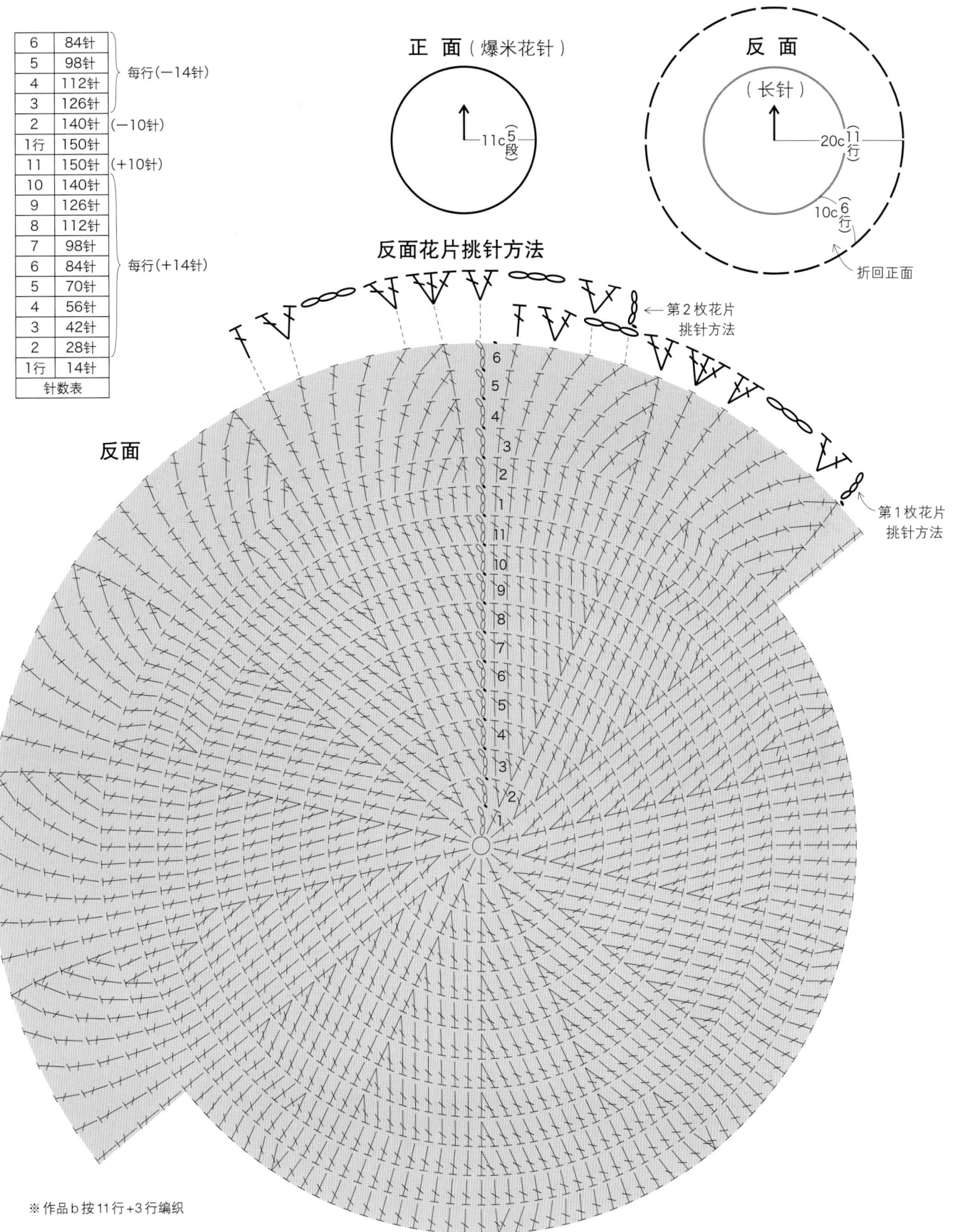

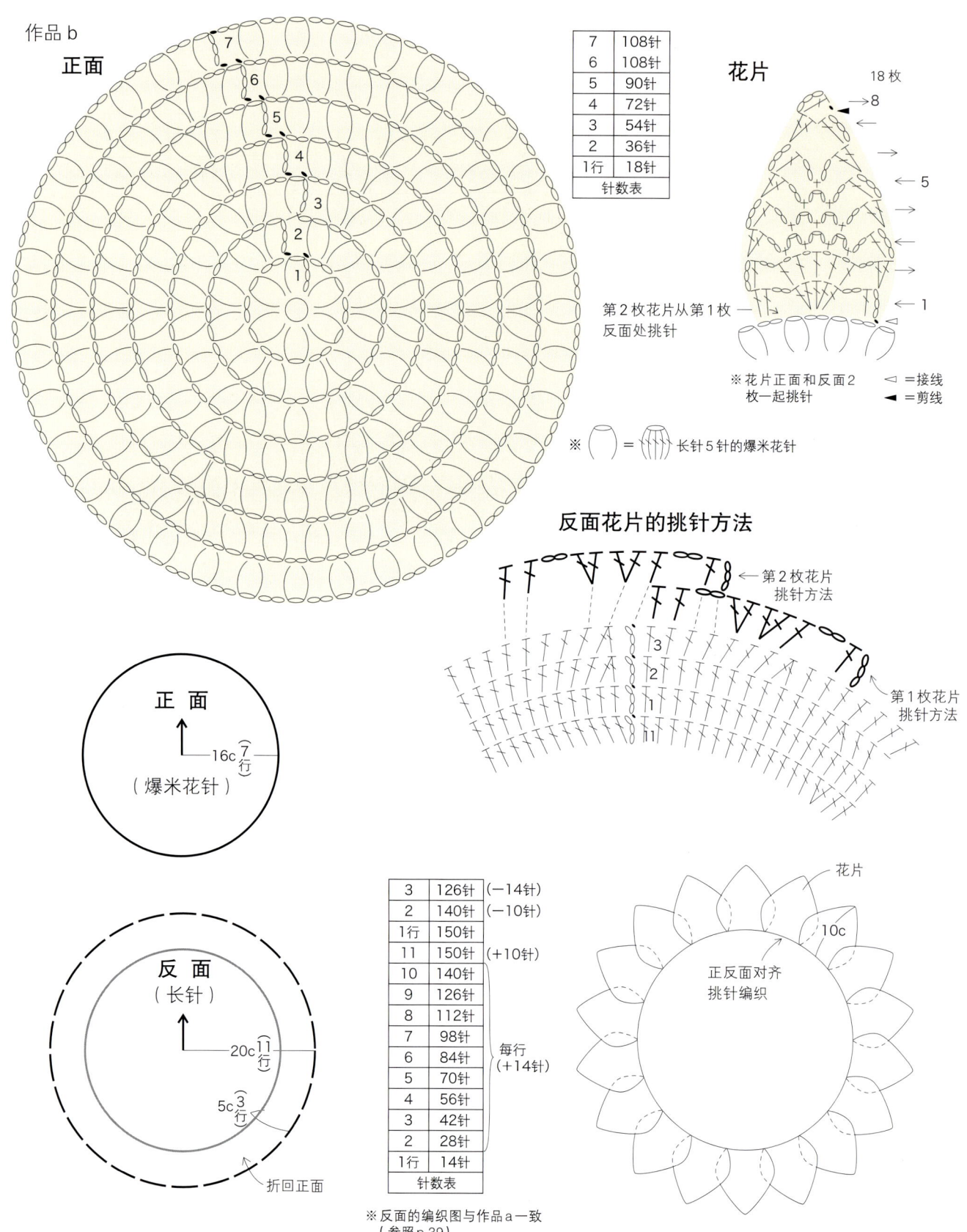

开心爆米花 第17页

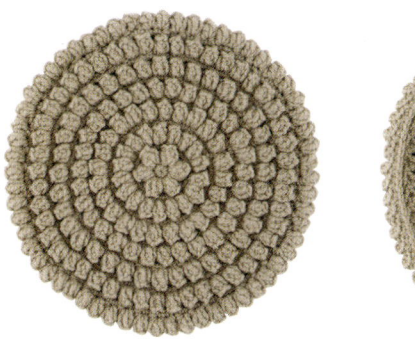

[准备用具]
- 线…Hamanaka Bask
  淡茶色（2）6卷
- 钩针…8mm

[尺寸] 直径约42cm

[编织方法]
钩针环形起针，用爆米花针和短针交替编织，一边加针，一边编织。最后一行不加针，折回反面即可。1片织完后即完成。

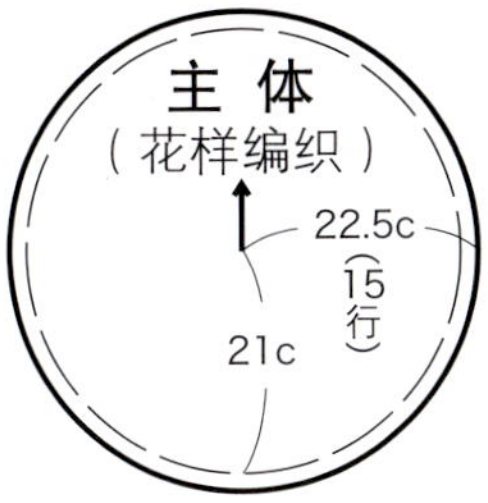

主 体

（主 体
（花样编织）
22.5c ↑⑮行
21c）

※第15行折回反面

± =短针的条纹针

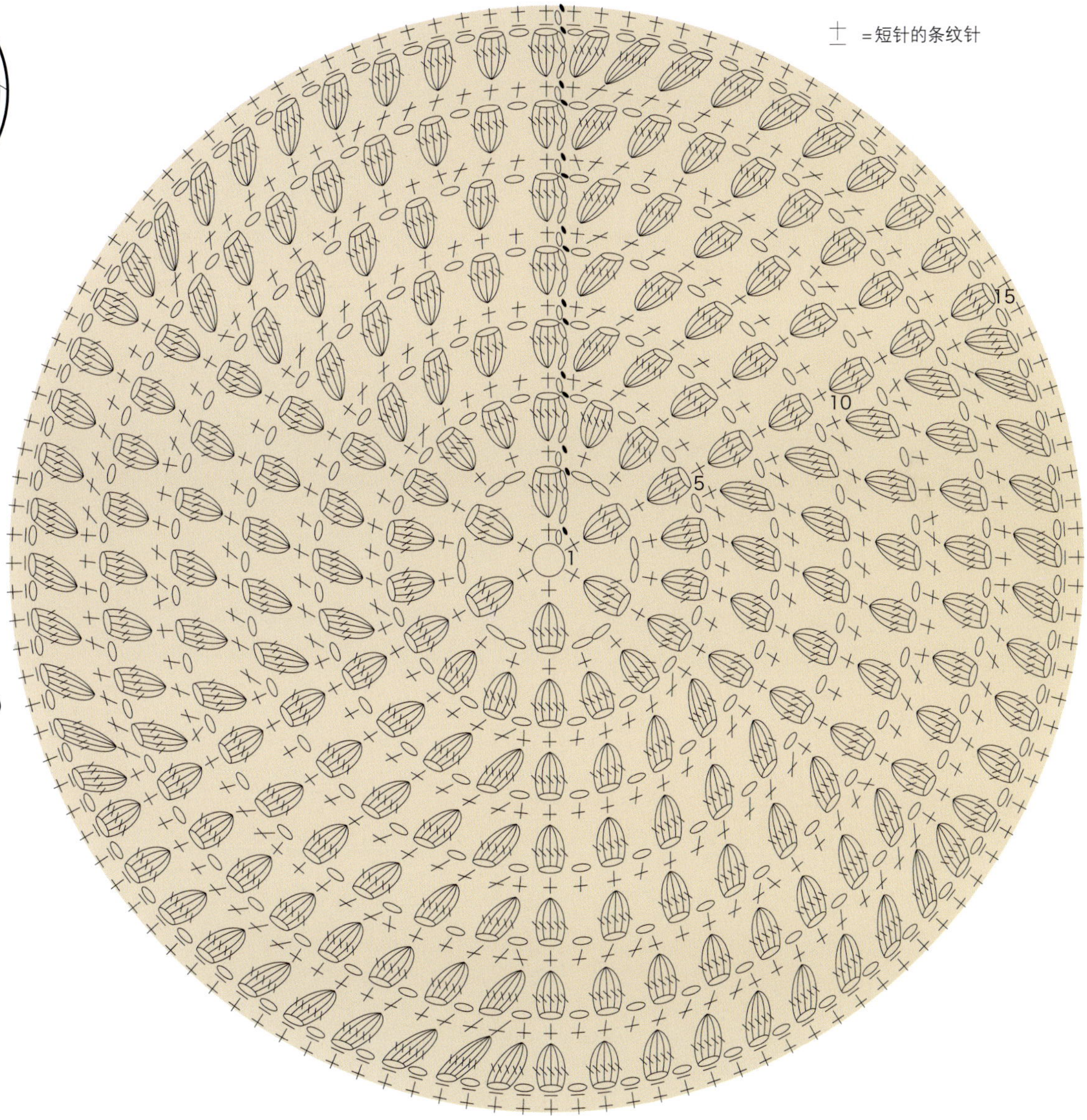

针数表		
15	120针	每行
14	120针	
13	108针	(+12针)
12	96针	(+6针)
11	90针	(+18针)
10	72针	
9	66针	
8	60针	每行
7	54针	(+6针)
6	48针	
5	42针	
4	36针	(+18针)
3	18针	
2	18针	(+12针)
1行	6针	

双面缠绕　第6页

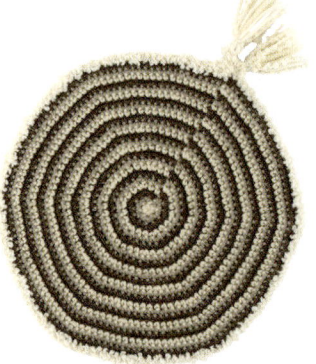

[准备用具]
- 线…Hamanaka Sonomono Roving
  象牙白(91) 1卷
  Hamanaka Sonomono Loop
  象牙白(51) 2卷
  Hamanaka Sonomono 超粗线
  象牙白(11) 2卷、淡茶色(12)、深茶色(13)各1卷
- 钩针…10/0号

[尺寸] 直径约38cm

[编织方法]
正·反…钩针环形起针，按图所示进行配色，一圈一圈钩织短针。
收尾…正面和反面2枚织片对齐，一起挑针编织。

正面

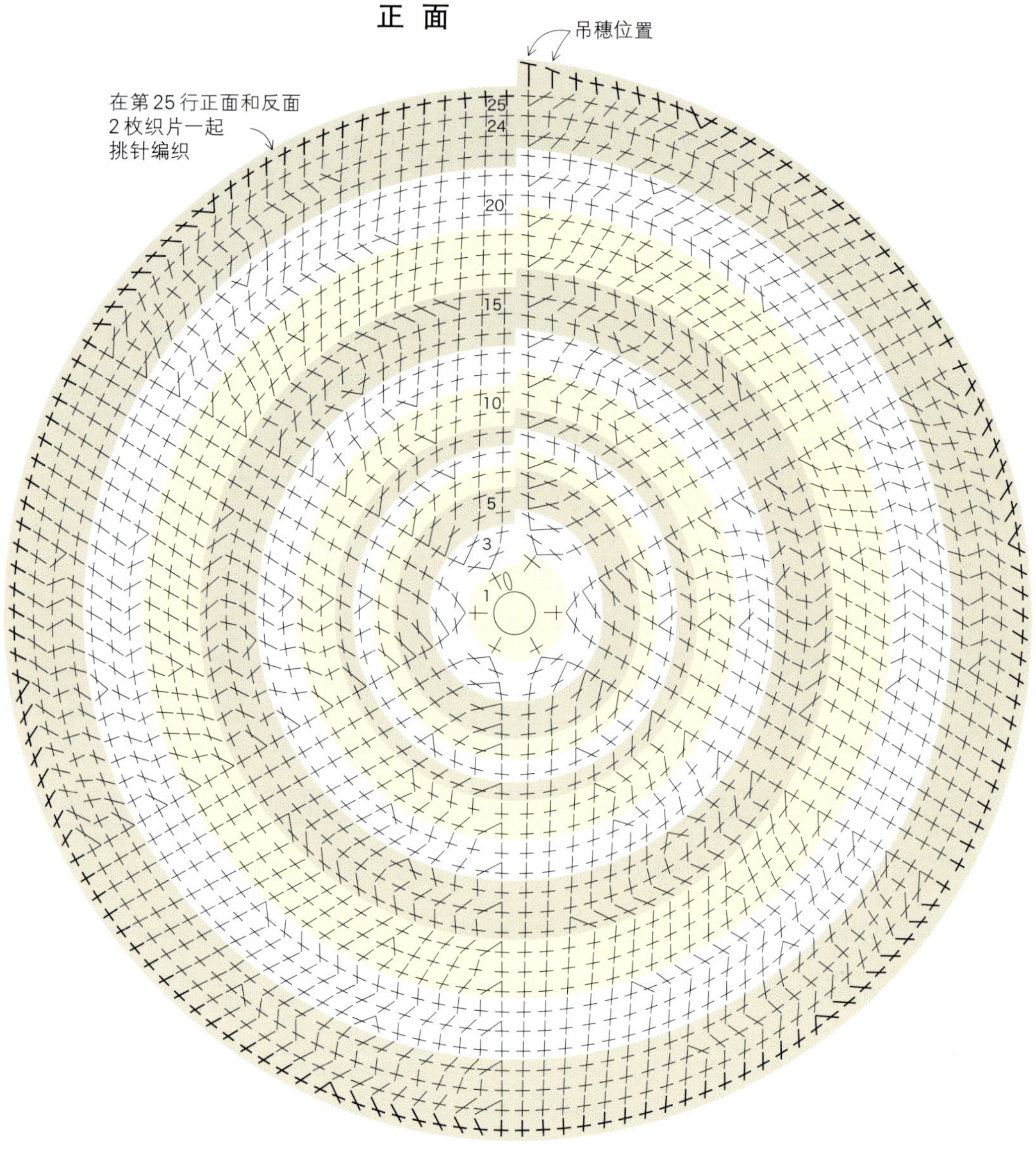

吊穗位置

在第25行正面和反面2枚织片一起挑针编织

正面·反面共用

行	针数
25	150针
24	144针
23	138针
22	132针
21	126针
20	120针
19	114针
18	108针
17	102针
16	96针
15	90针
14	84针
13	78针
12	72针
11	66针
10	60针
9	54针
8	48针
7	42针
6	36针
5	30针
4	24针
3	18针
2	12针
1行	6针

每行 (+6针)

针数表

正面配色
- Sonomono Roving
- 超粗线（象牙白）
- Sonomono Loop

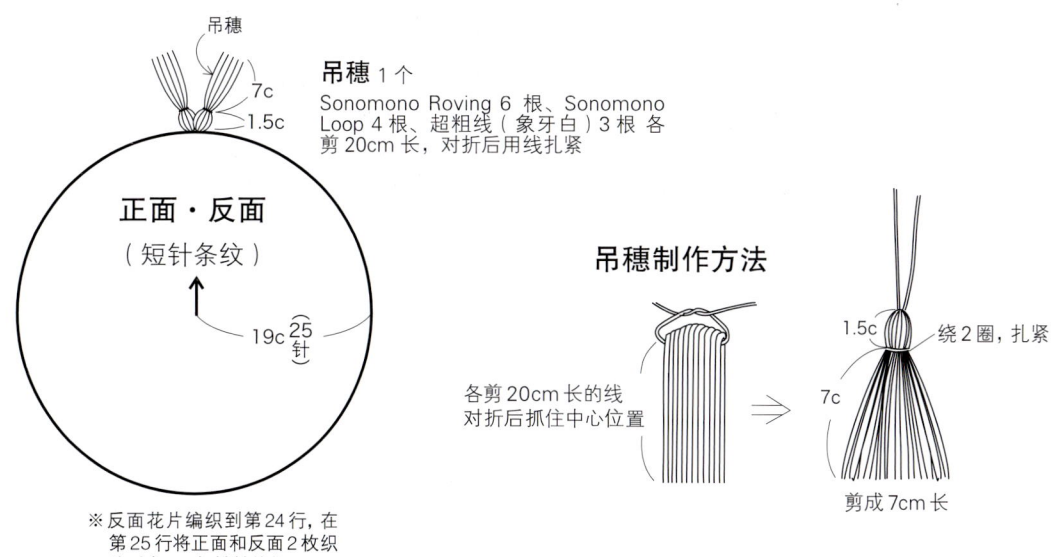

吊穗 1个
Sonomono Roving 6 根、Sonomono Loop 4 根、超粗线（象牙白）3 根 各剪 20cm 长，对折后用线扎紧

吊穗制作方法

各剪 20cm 长的线对折后抓住中心位置

1.5c 绕 2 圈，扎紧
7c
剪成 7cm 长

※反面花片编织到第24行，在第25行将正面和反面2枚织片对齐，一起挑针编织

反 面

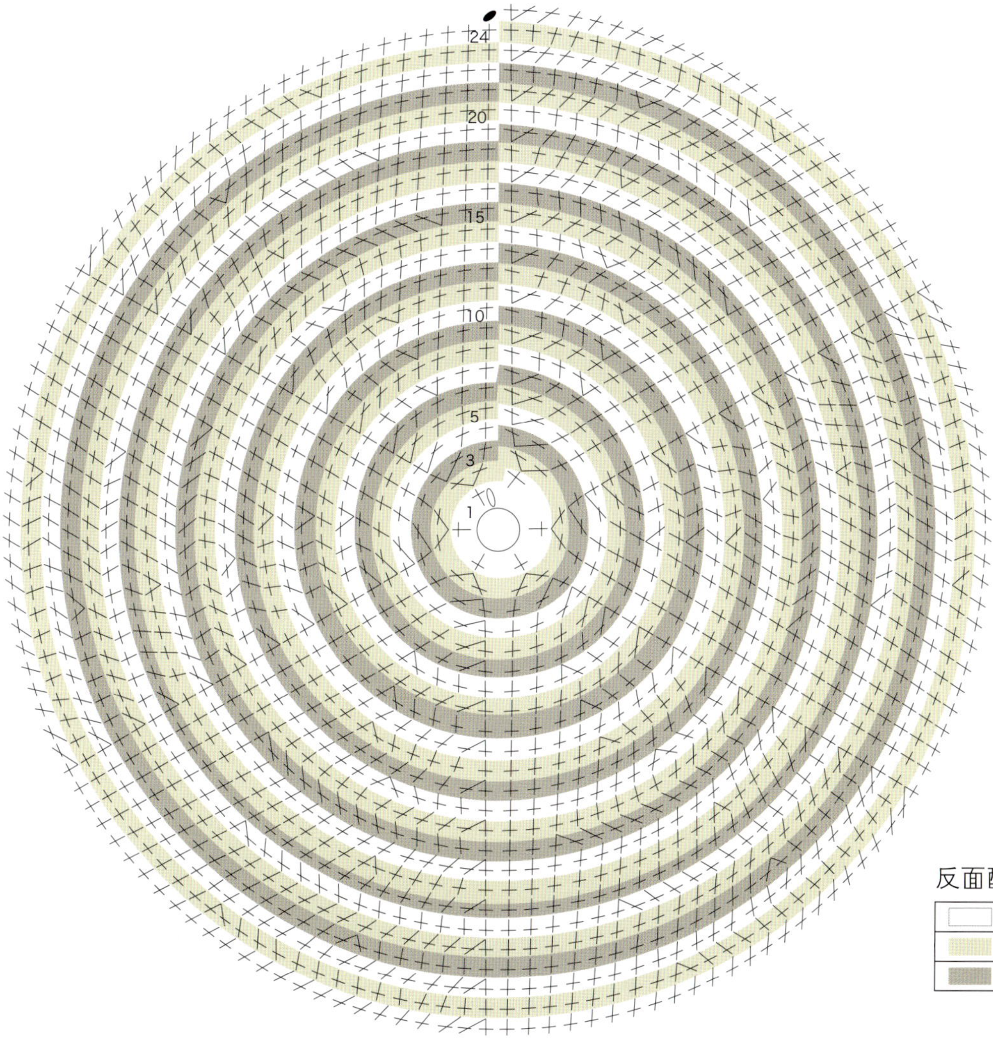

反面配色（超粗线）

□	象牙白
▨	淡茶色
▨	深茶色

褶边万岁 第7页

[准备用具]
- 线…Hamanaka Bonny
  茶色(480)、灰色(486)各2卷
  橄榄绿色(493)、浅驼色(417)各1卷
- 钩针…8/0号

[尺寸] 直径约40cm

[编织方法]
中心处钩针环形起针，用短针编织2枚花片。再将2枚花片对齐，用"锁13针、引拔1针"的方法进行网编。接着参照配色图，用将锁针的里山和半针的2根线挑起后织入短针的方法编织罗纹。外圈的褶边编织完成后即可。

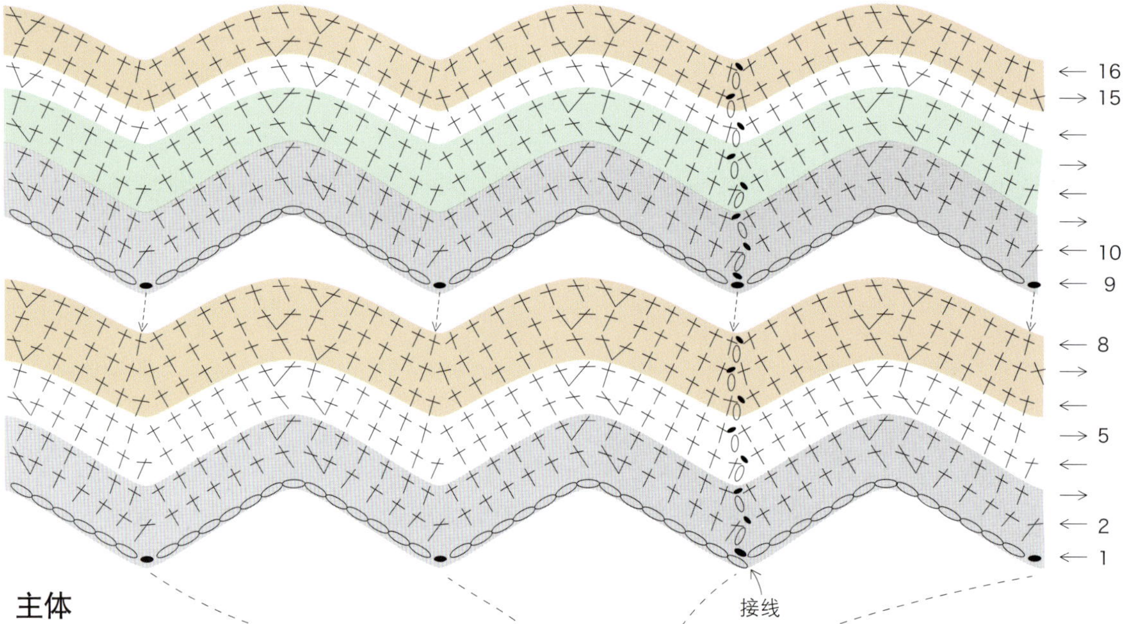

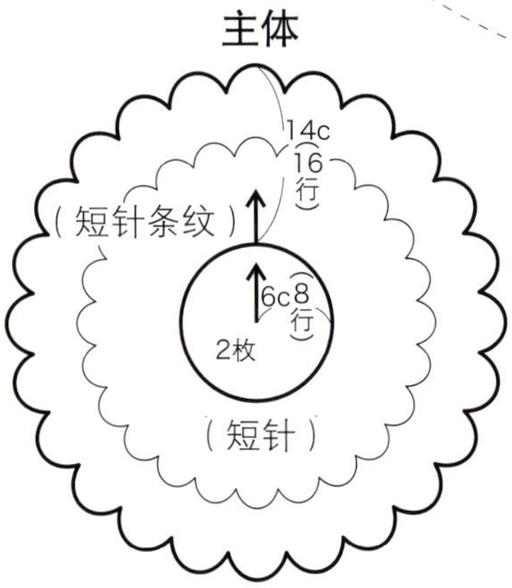

主体

接线

● = 第1行挑针位置

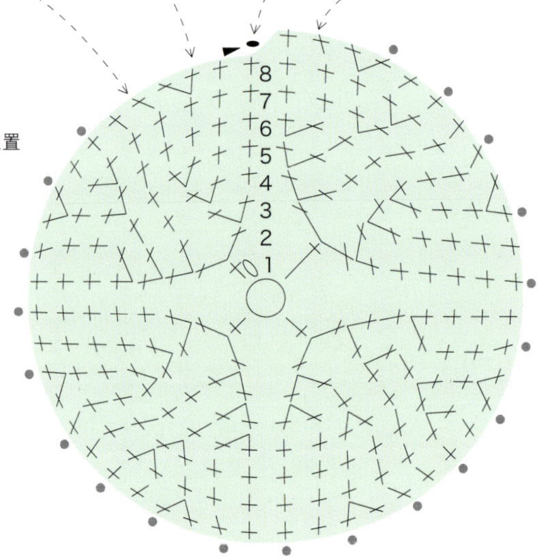

配色
- 橄榄绿色
- 灰色
- 浅驼色
- 茶色

中心处织法 不会翘起、一圈一圈编织

1 钩针环形起针，钩织立起的1针锁针，钩织短针到第2行。

2 在第2行的最后处穿上"计数环"。

3 每一行编织完成时，在最后一针处穿上"计数环"再继续。

4 8行编织完成后，从第2针开始引拔挑针，线端收尾。

连接中心处，编织褶边 2枚花片对齐一起挑针编织褶边

5 中心处的2枚花片编织完成后，将反面重叠对齐，在中心处穿线系紧。

6 2枚花片对齐，插入钩针。

7 拉出锁针用线，锁1针。

8 继续钩织13针锁针。

9 接着，跳过1针插针引拔编织。

10 锁13针，引拔1针，重复一圈。

11 锁针的最后1针与第1针引拔编织，再钩织1针锁针后开始钩织短针。

12 挑起锁针的里山和半针的2根线钩织。

13 改变编织方向，用灰色线短针钩织2行，在第1针处插入钩针。

14 引拔抽针时，将所有编织用线挂在钩针上，拉出第3行所需编织用线。

15 拉出第3行所需编织用线。

16 钩织立起的1针锁针后开始钩织第3行。

多彩花片　第8页

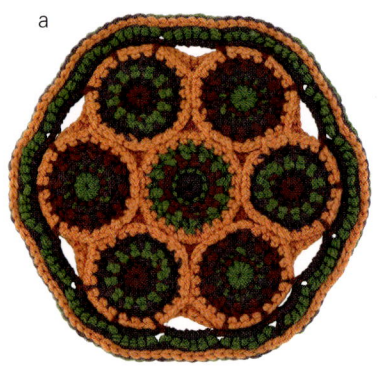
a

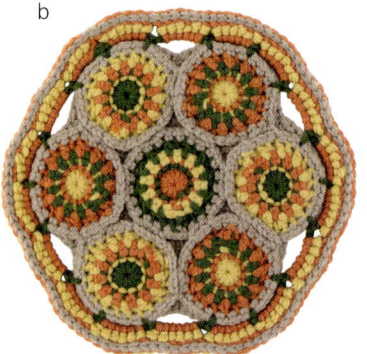
b

[准备用具]
- 线…Hamanaka Of Course!Big
  a 橙色(104) 2卷　紫色(114)、绿色(113)、胭脂红色(105)各1卷
  b 浅驼色(103) 2卷　橙色(104)、黄色(111)、绿色(113)各1卷
- 钩针…10/0号

[尺寸] 直径约35.5cm

[编织方法]
正面…钩针环形起针，编织7枚花片后连接而成。
反面…钩针环形起针，编织1整枚大花片。
收尾…正面和反面2枚织片对齐，用缘编法连接。

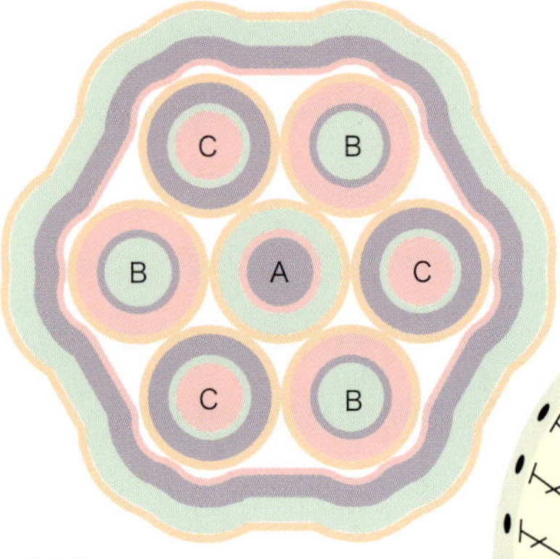

a 配色
	橙色
	黄色
	绿色
	浅驼色

b 配色
	紫色
	胭脂红色
	绿色
	橙色

正 面

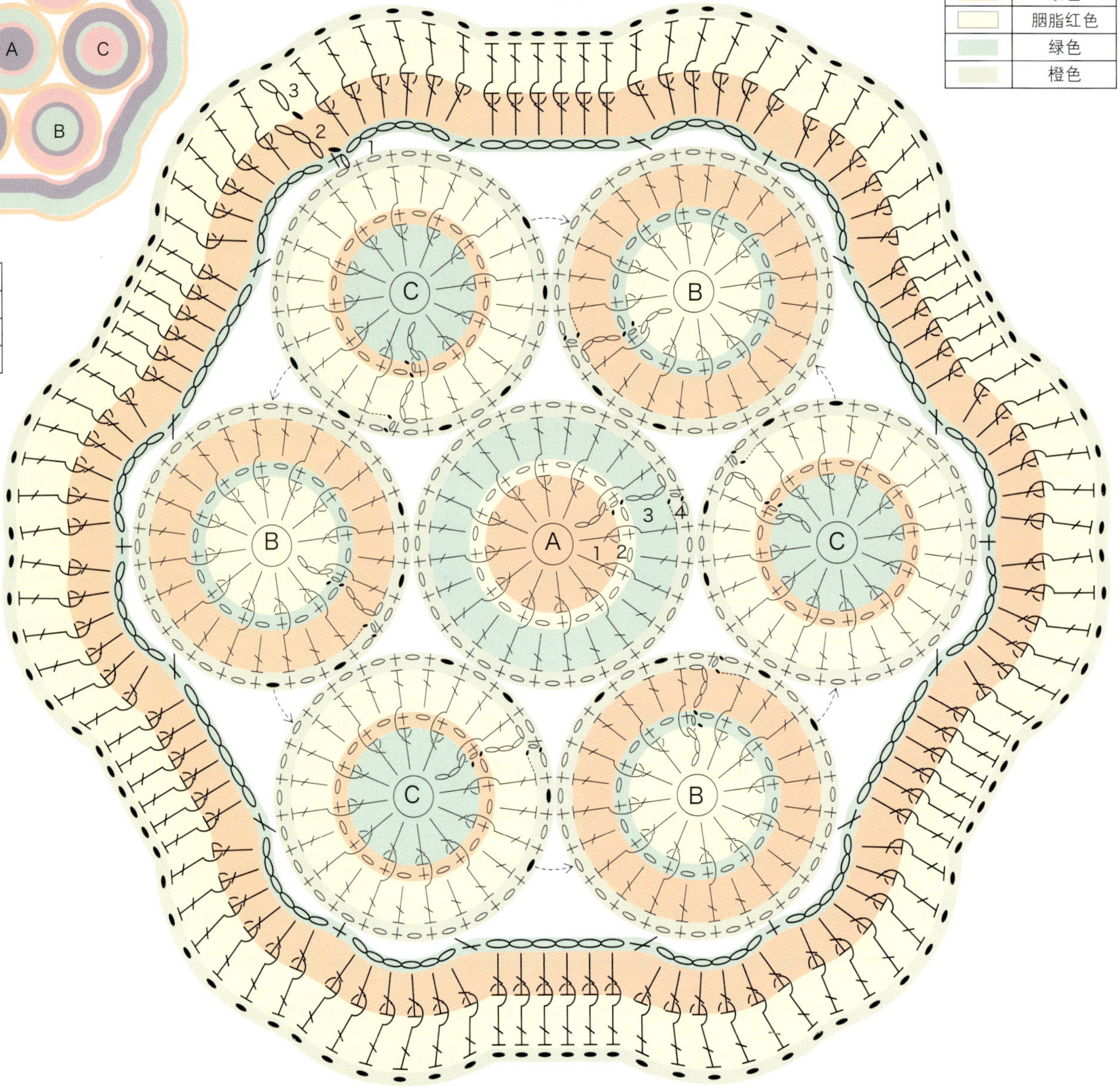

在缘编的第2，3行的开头处一起挑针引拔编织

反面

a…橙色
b…浅驼色

● =缘编挑针位置

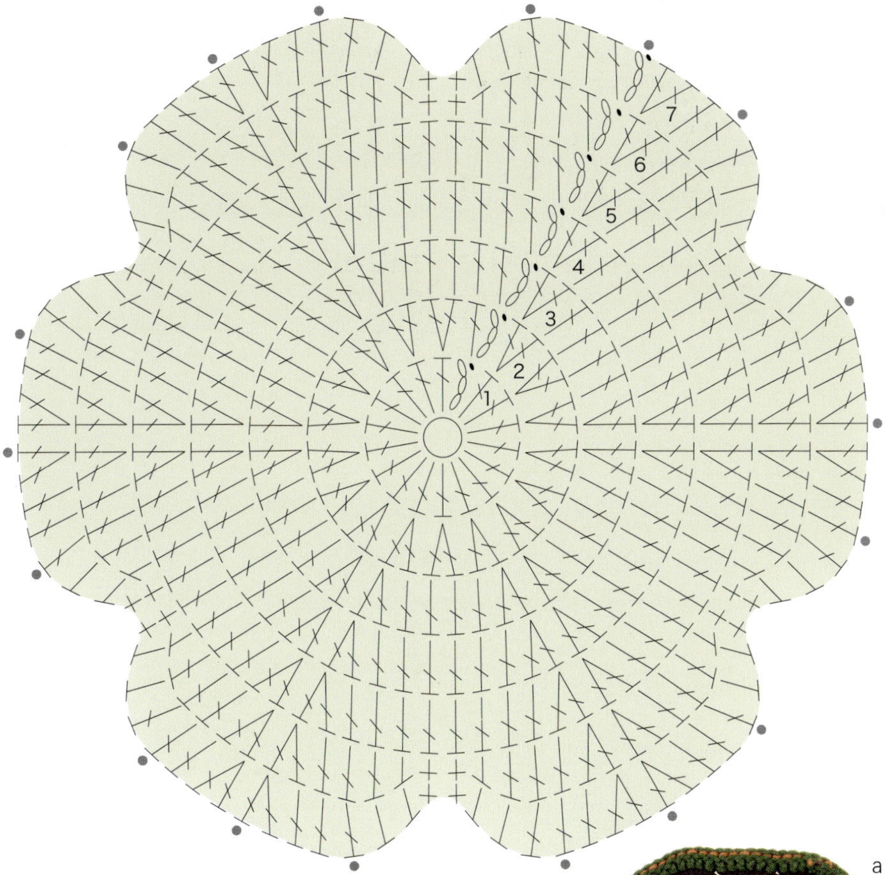

正面

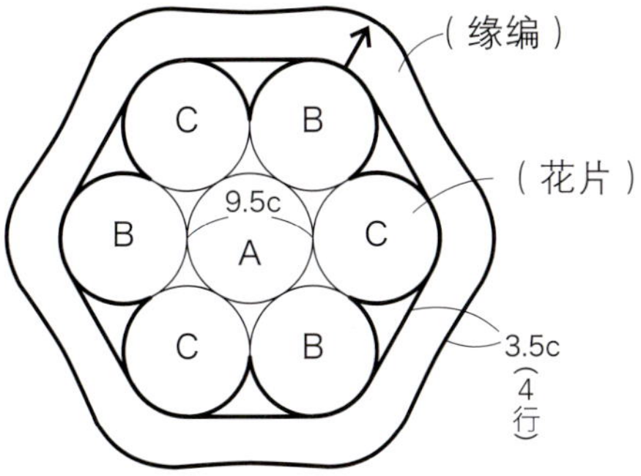

- （缘编）
- （花片）
- 9.5c
- 3.5c（4行）

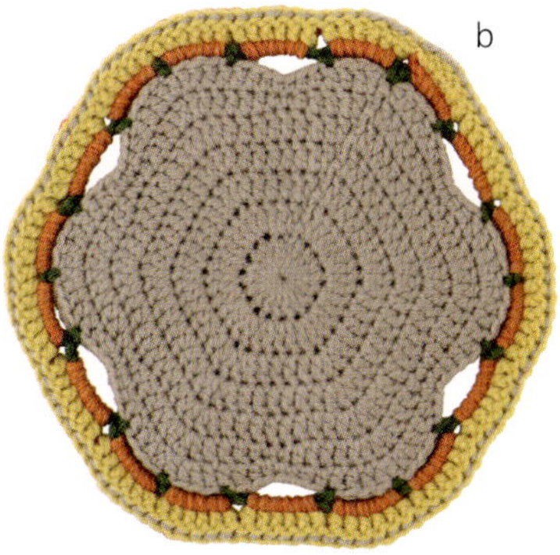

反面

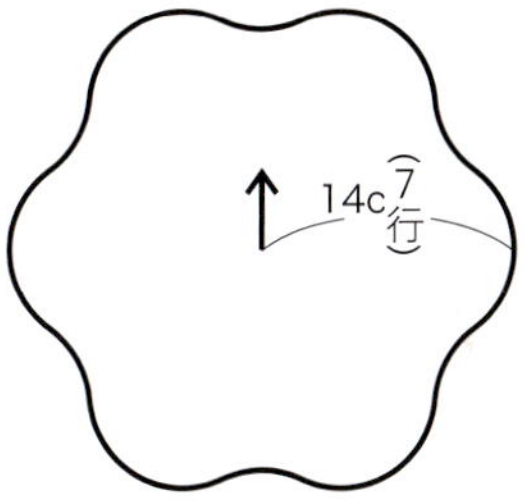

14c（7行）

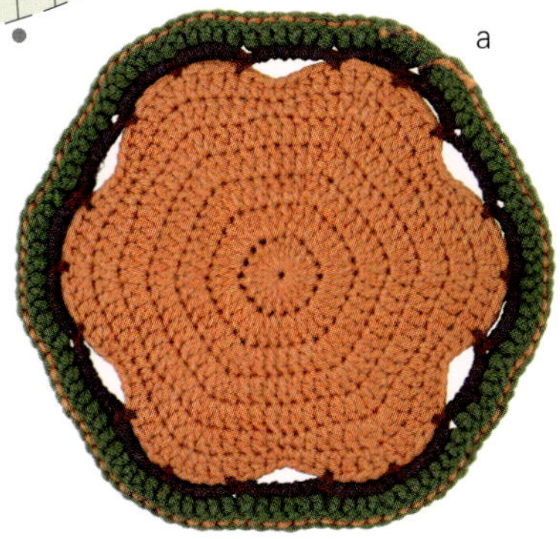

分步教程！

正面、缘编引拔织法 缘编最后一行的织法

1 缘编第4行的引拔编织方法是在第2行和第3行的开头处插入钩针。

2 两行一起引拔编织。

花片B的正面

花片B的反面

小花主题 第10页

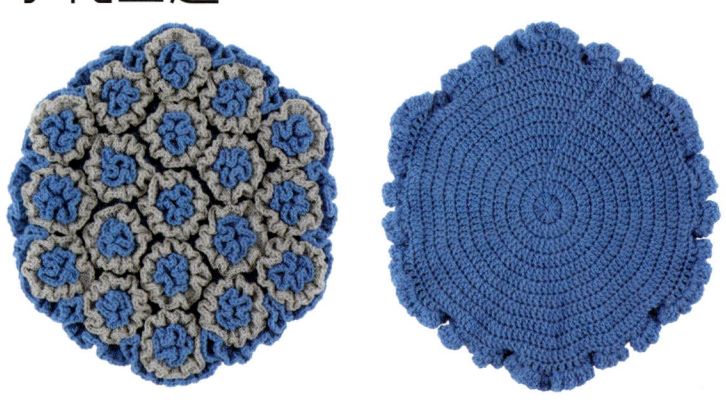

[准备用具]
- 线…Hamanaka Of Course!Big
  蓝色(472)7卷、灰色(486)3卷
- 钩针…8/0号

[尺寸] 直径约45cm

[编织方法]
正面…钩针环形起针，将各基础花片连接完成后，再编织褶边A和B。
反面…钩针环形起针，用长针针法编织。
收尾…将正面和反面2枚织片对齐，用缘编法连接。

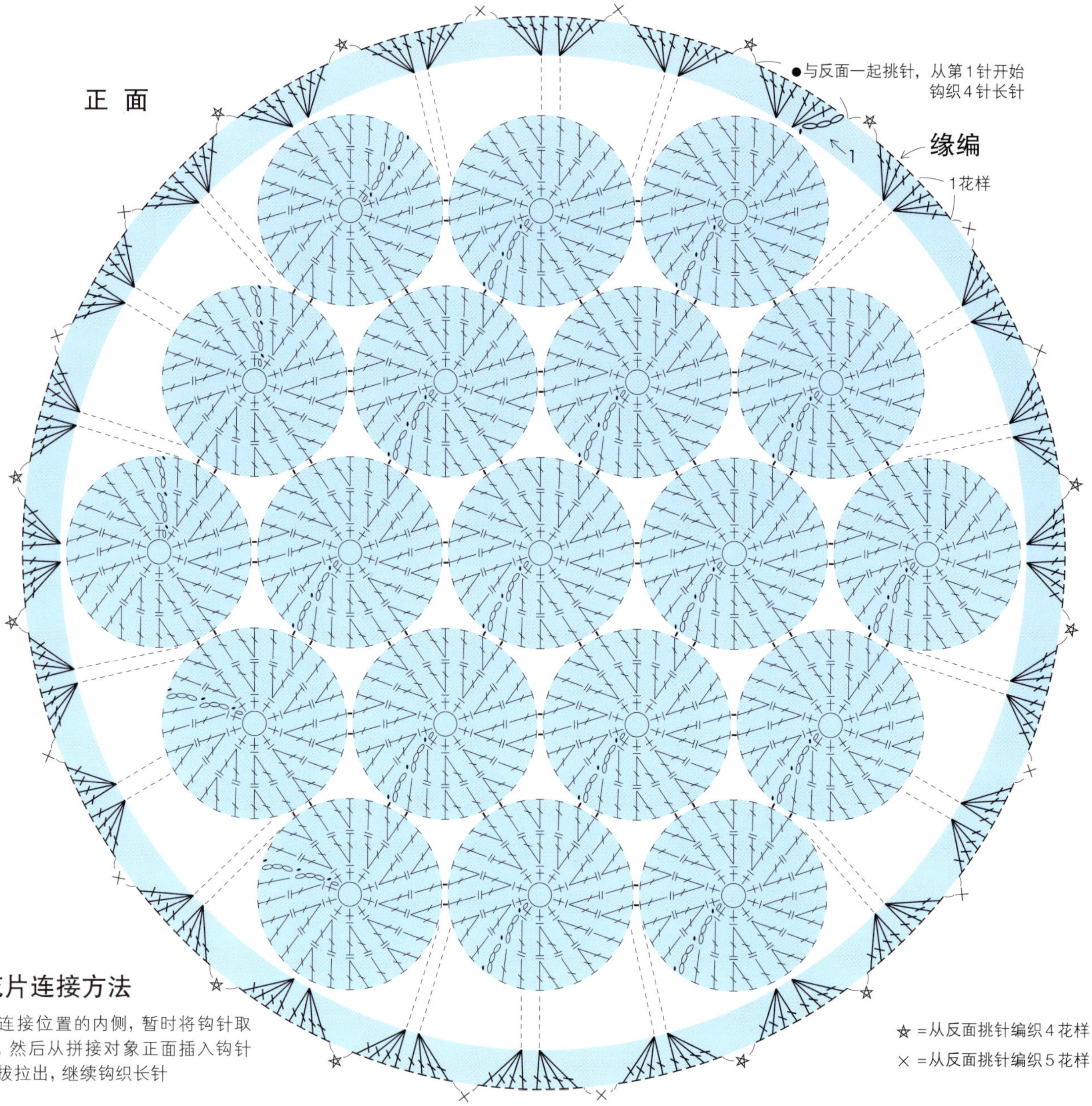

正面

● 与反面一起挑针，从第1针开始钩织4针长针

缘编
1花样

花片连接方法
在连接位置的内侧，暂时将钩针取出，然后从拼接对象正面插入钩针引拔拉出，继续钩织长针

☆ = 从反面挑针编织4花样
✕ = 从反面挑针编织5花样

48 钩编可爱复古风坐垫

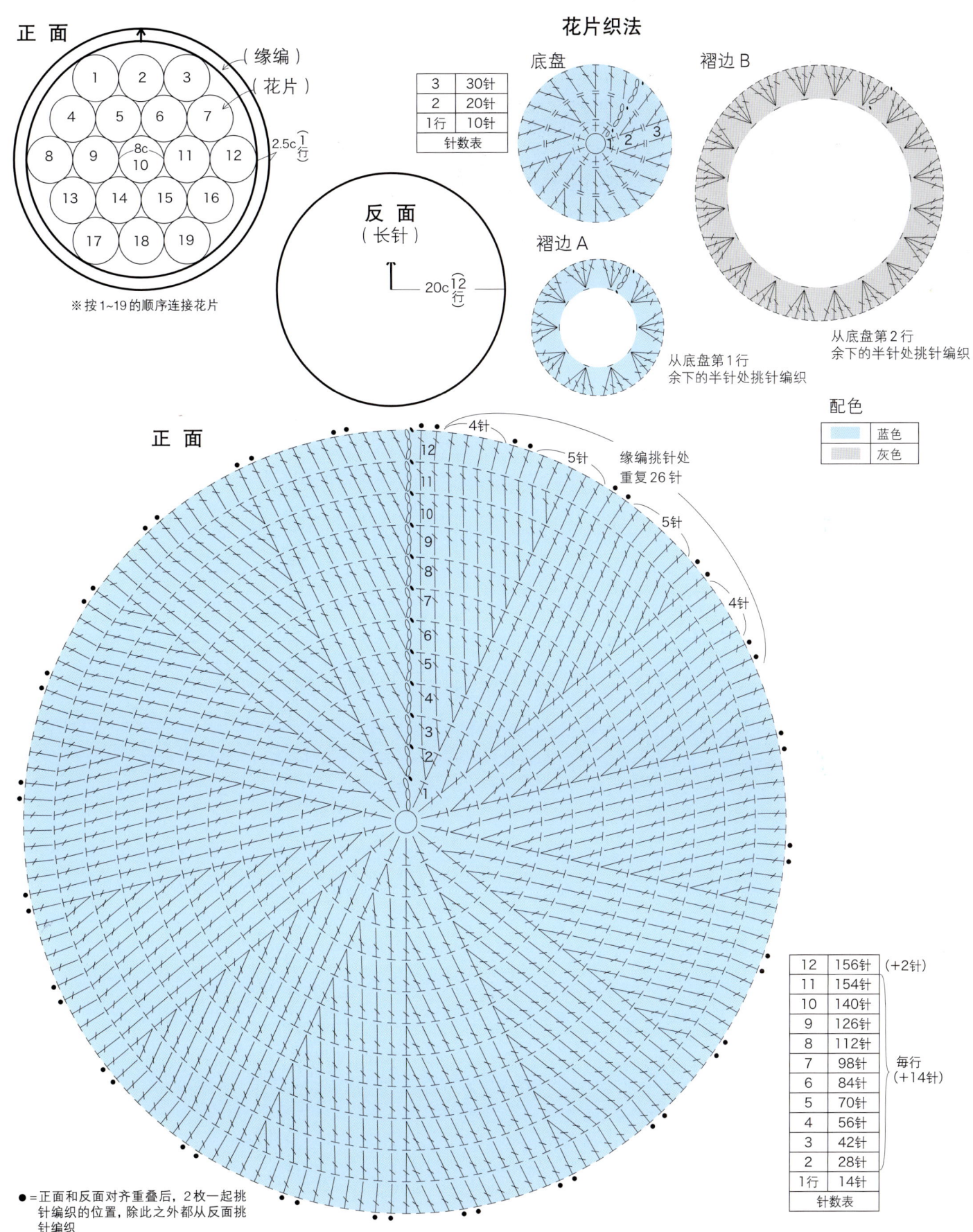

复古波纹 第15页

[准备用具]
- 线…Hamanaka Bonny
  驼色(418)、黄色(416)、红褐色(483)、深茶色(419)各2卷
- 钩针…8/0号

[尺寸] 44cm×44cm

[编织方法]
正面…锁针起针,挑起锁针的里山和半针,参照配色图,进行花样条纹编织。
反面…按正面同样要领起针,用长针针法编织。
收尾…正面和反面2枚织片对齐,用缘编法连接。

反 面

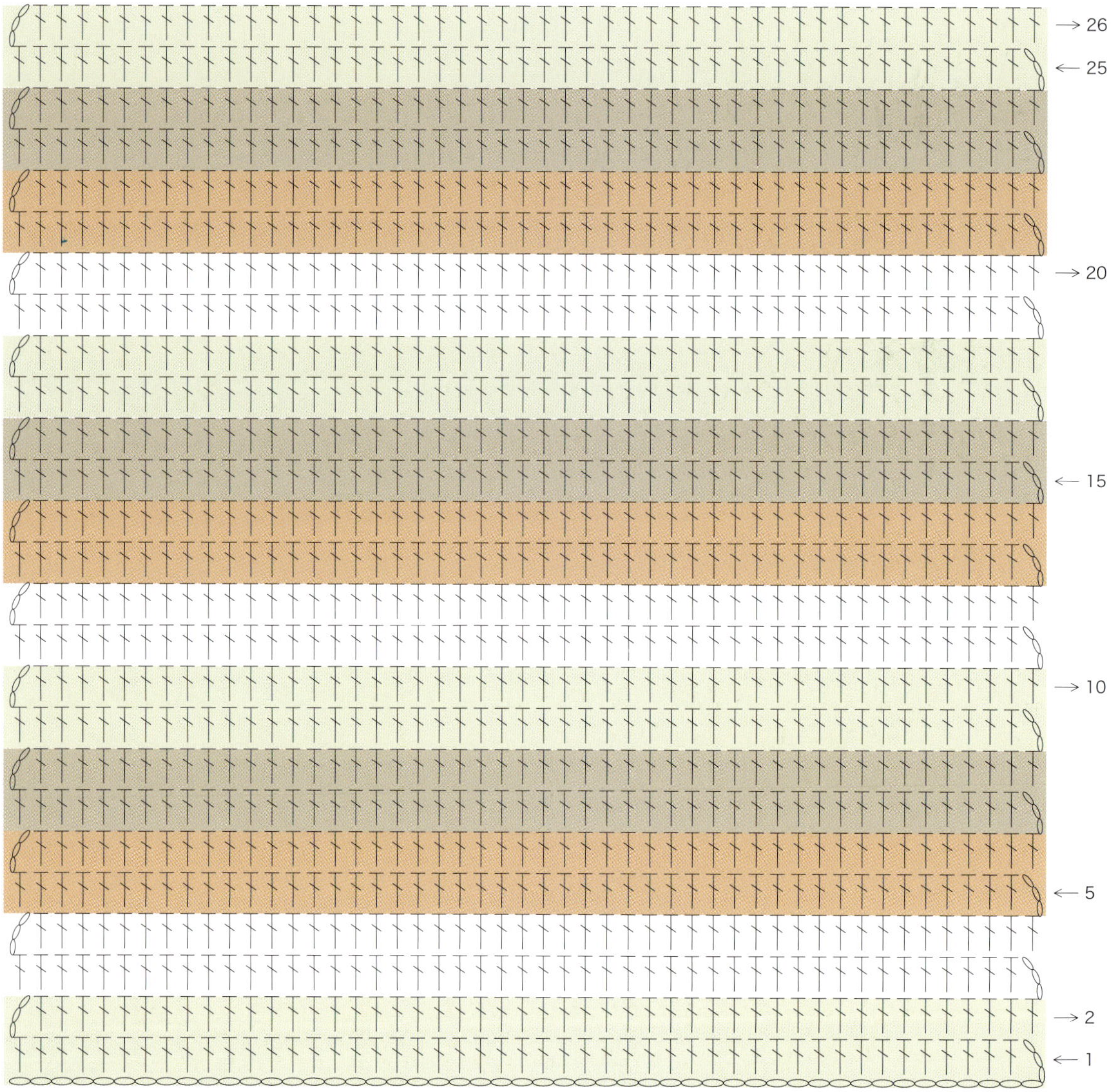

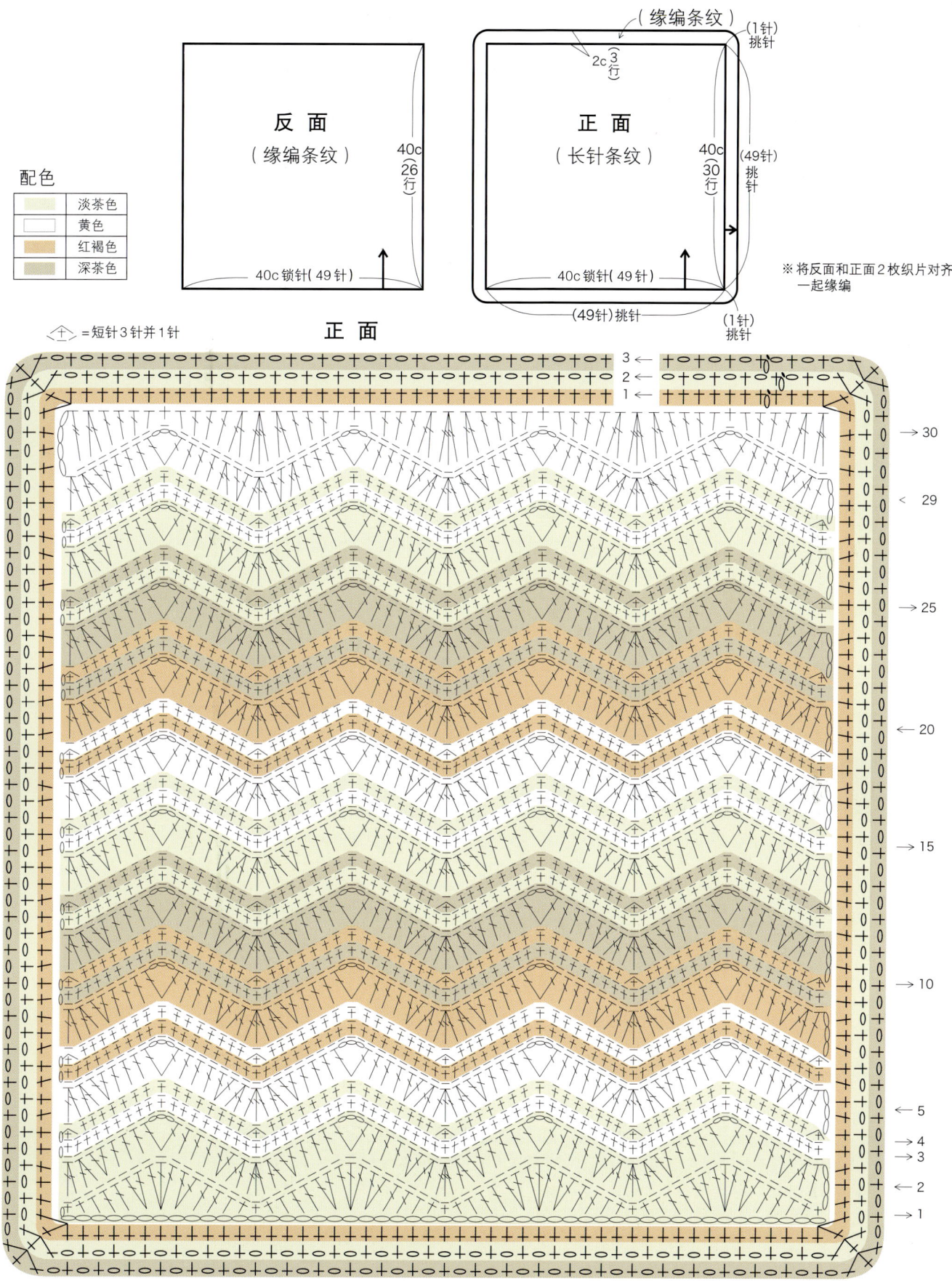

南风条纹　第14页

[准备用具]
- 线…Hamanaka Bonny
  深茶色(419)、浅驼色(417)各2卷
  橙色(433)、浅蓝色(439)各1卷
- 钩针…8/0号

[尺寸] 约40cm×40cm

[编织方法]
锁针起针，挑起锁针的里山和半针，参照配色图进行花样条纹编织。
按同样方法编织2枚花片。
收尾…将正面和反面2枚织片对齐，用缘编法连接。

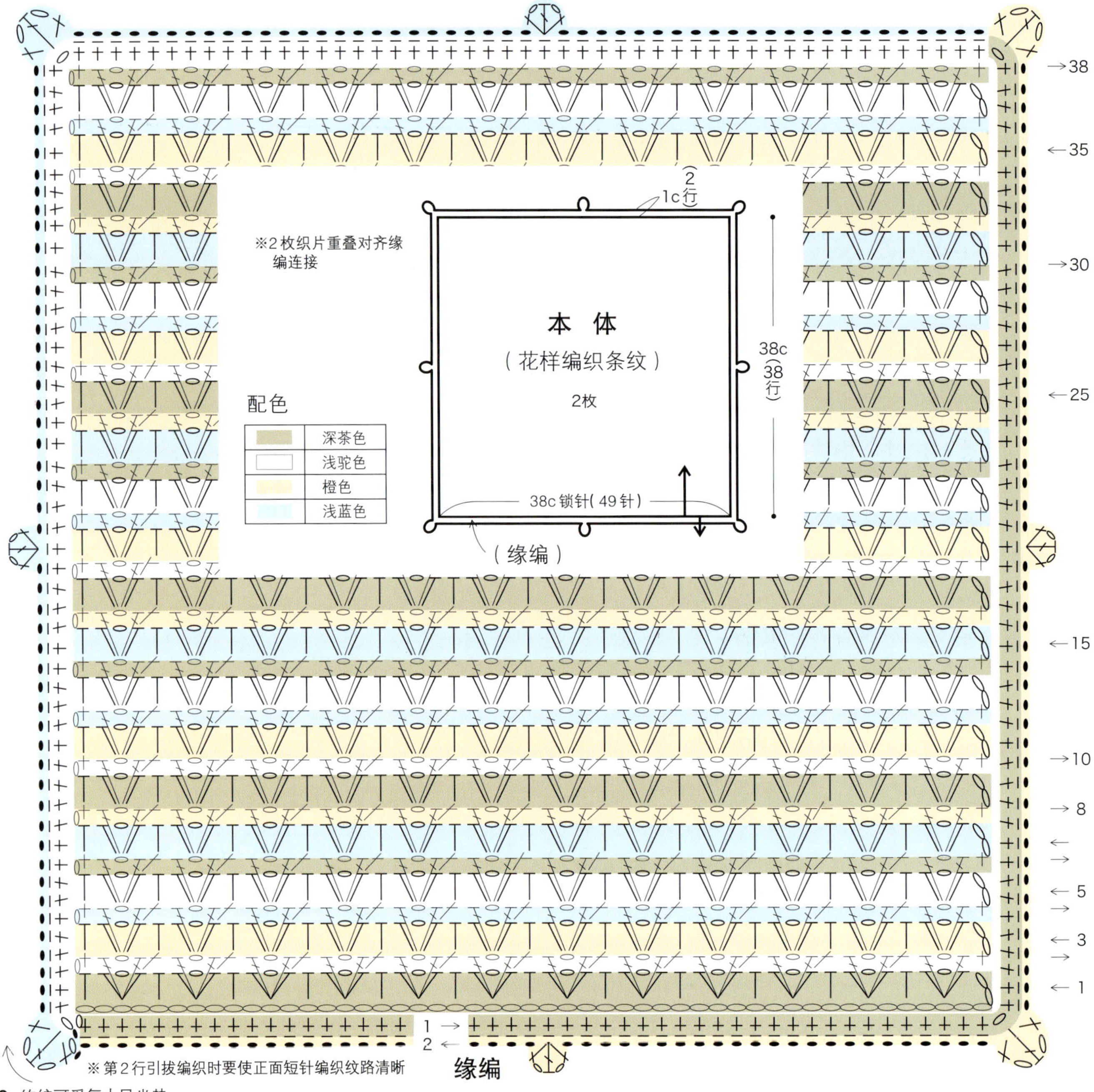

※2枚织片重叠对齐缘编连接

配色
- 深茶色
- 浅驼色
- 橙色
- 浅蓝色

本体
（花样编织条纹）
2枚
38c（38行）
38c锁针（49针）
（缘编）

缘编

※第2行引拔编织时要使正面短针编织纹路清晰

雪之薄片 第 18 页

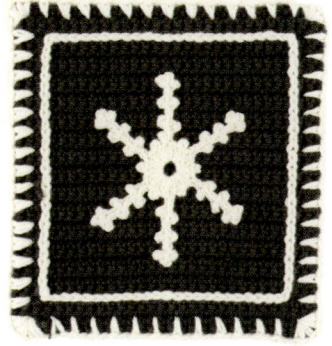

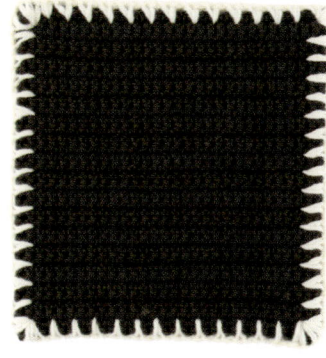

[准备用具]

- 线…Hamanaka 超粗 Bonny
  深黑色(19) 8 卷
  Hamanaka Of Course!Big
  白色(101) 2 卷
- 钩针…8/0 号

[尺寸] 约 40cm×40cm

[编织方法]

锁针起针，挑起锁针的里山和半针，按同样方法编织 2 枚花片。
正面在指定位置做引拔针脚，连接另外织好的花片。
收尾…正面和反面 2 枚织片对齐，用缘编法连接。

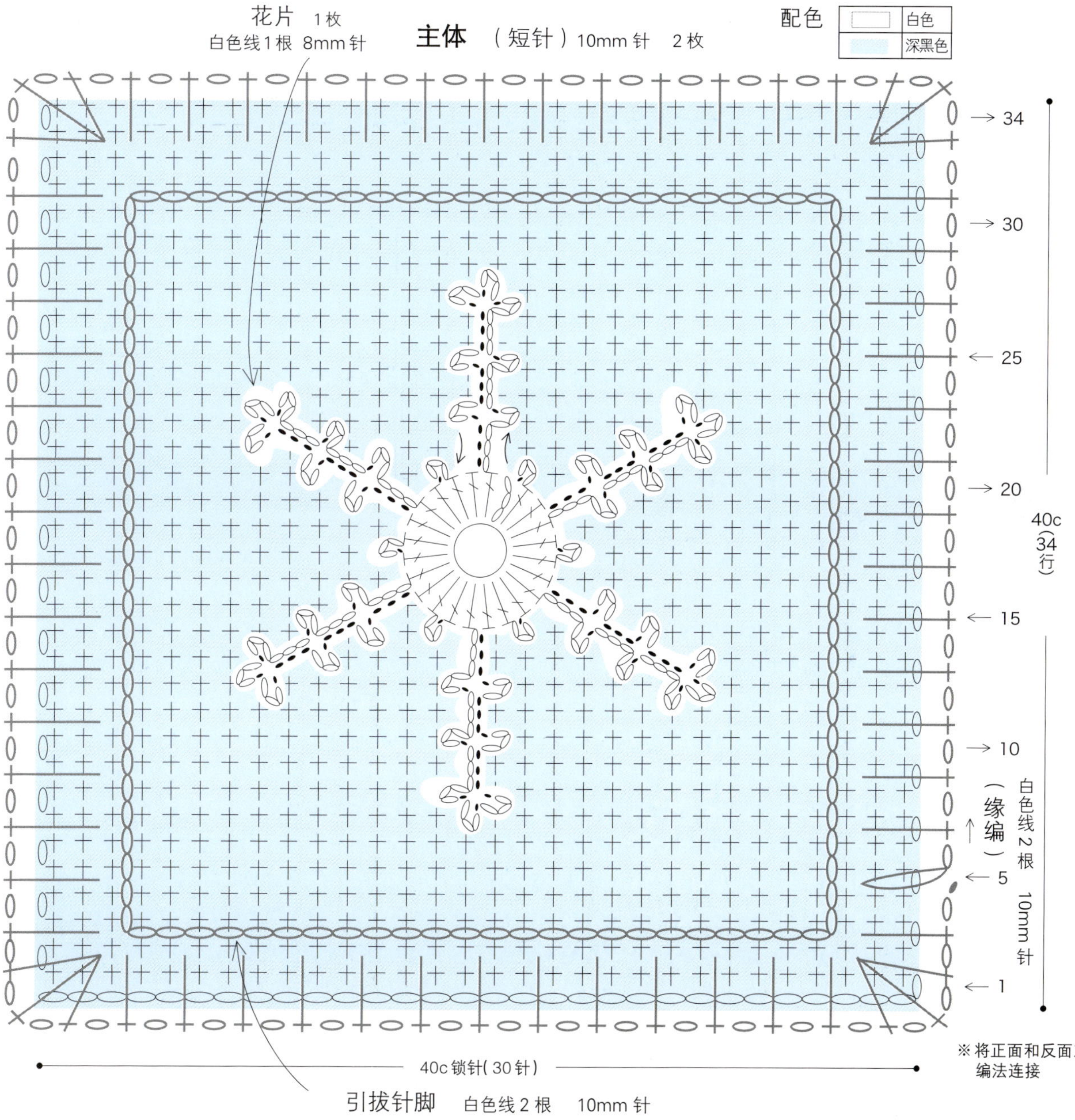

花片 1 枚
白色线 1 根 8mm 针
主体 (短针) 10mm 针 2 枚
配色
白色
深黑色
34
30
25
20
15
10
5
1
40c (34 行)
(缘编) 白色线 2 根 10mm 针
40c 锁针(30 针)
引拔针脚 白色线 2 根 10mm 针

※ 将正面和反面对齐，用缘编法连接

羊毛小圆垫　第16页

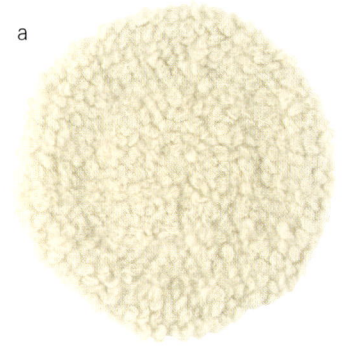
a

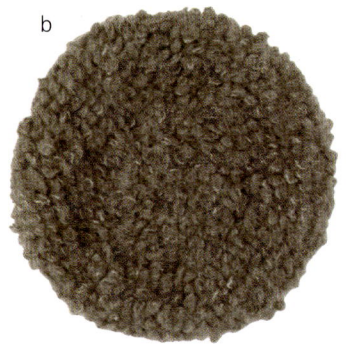
b

[准备用具]
- 线…Hamanaka Of Course!Big
  a象牙白(101)、b淡茶色(103)各5卷
  Hamanaka Of Course!Big
  a白色(101)、b深茶色(106)各2卷
- 钩针…8/0号

[尺寸] 直径约38cm

[编织方法]
正面…钩针环形起针,用萝卜丝短针(短环针)编织。
反面…钩针环形起针,短针编织。
收尾…正面和反面2枚织片对齐,拼缝连接。

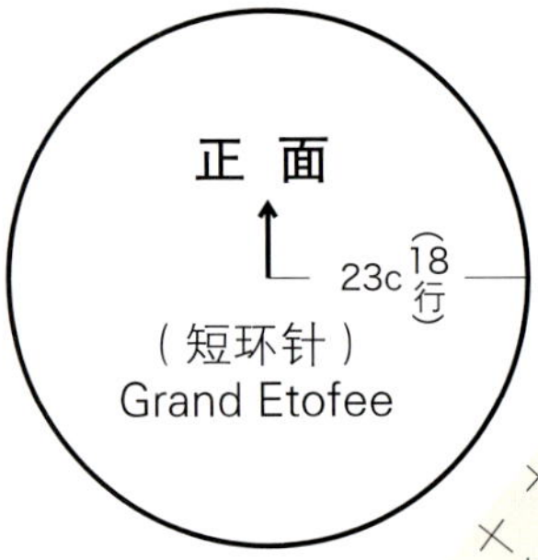

正面 ↑ 23c (18行)
(短环针)
Grand Etofee

正面
※将织片的反面用作正面

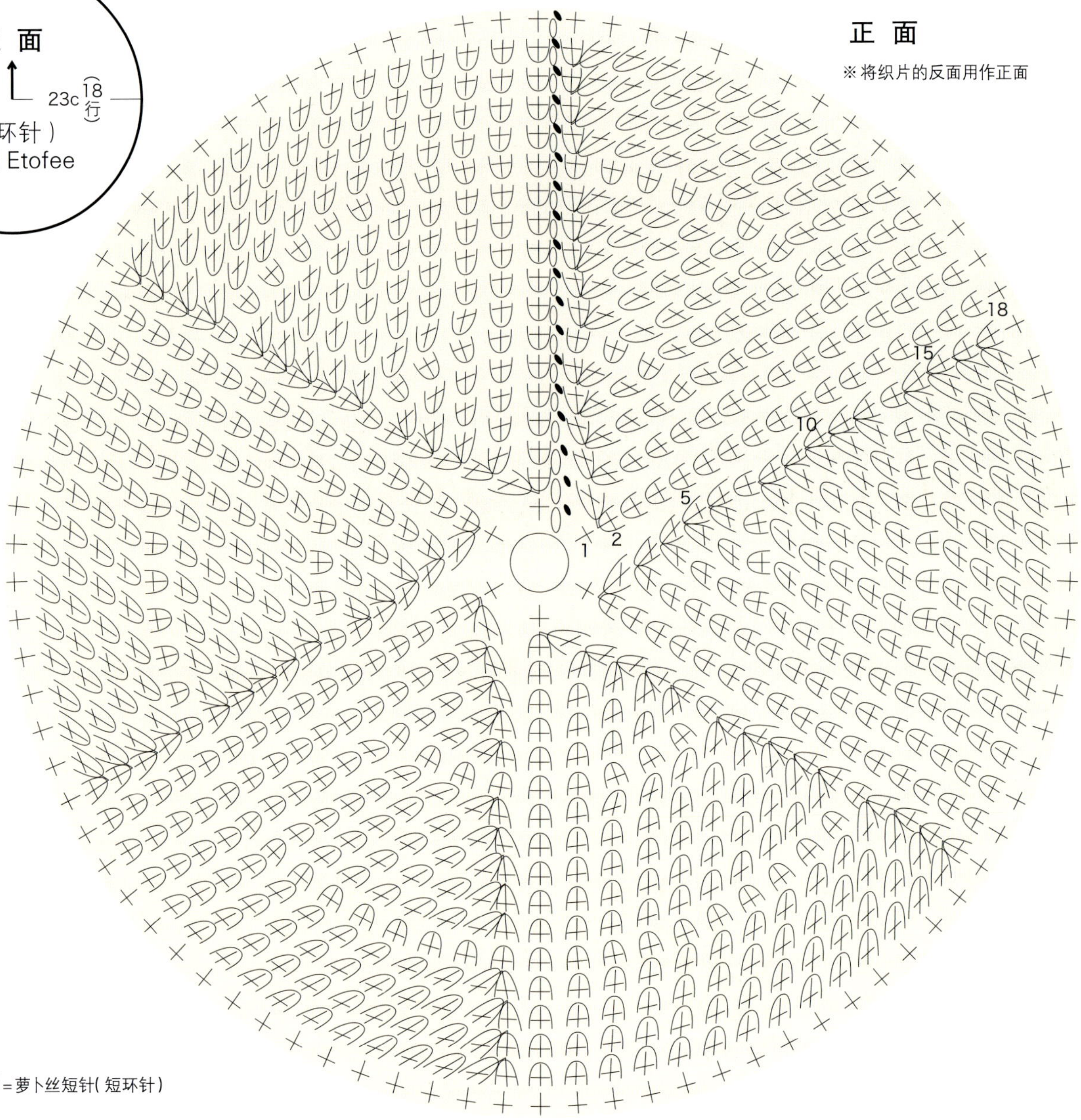

⊕ =萝卜丝短针(短环针)

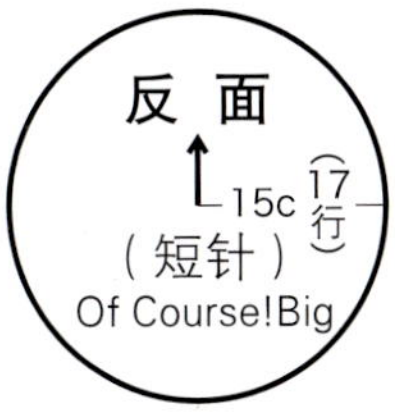

反面

15c (17行)
（短针）
Of Course!Big

将反面作为正面，对齐后拼缝连接

38c

正面·反面共用

18	90针	
17	90针	
16	84针	每行(+6针)
15	78针	
14	72针	
13	66针	
12	66针	
11	60针	每行(+6针)
10	54针	
9	48针	
8	42针	
7	36针	
6	36针	
5	30针	每行(+6针)
4	24针	
3	18针	
2	12针	
1行	6针	
针数表		

反面

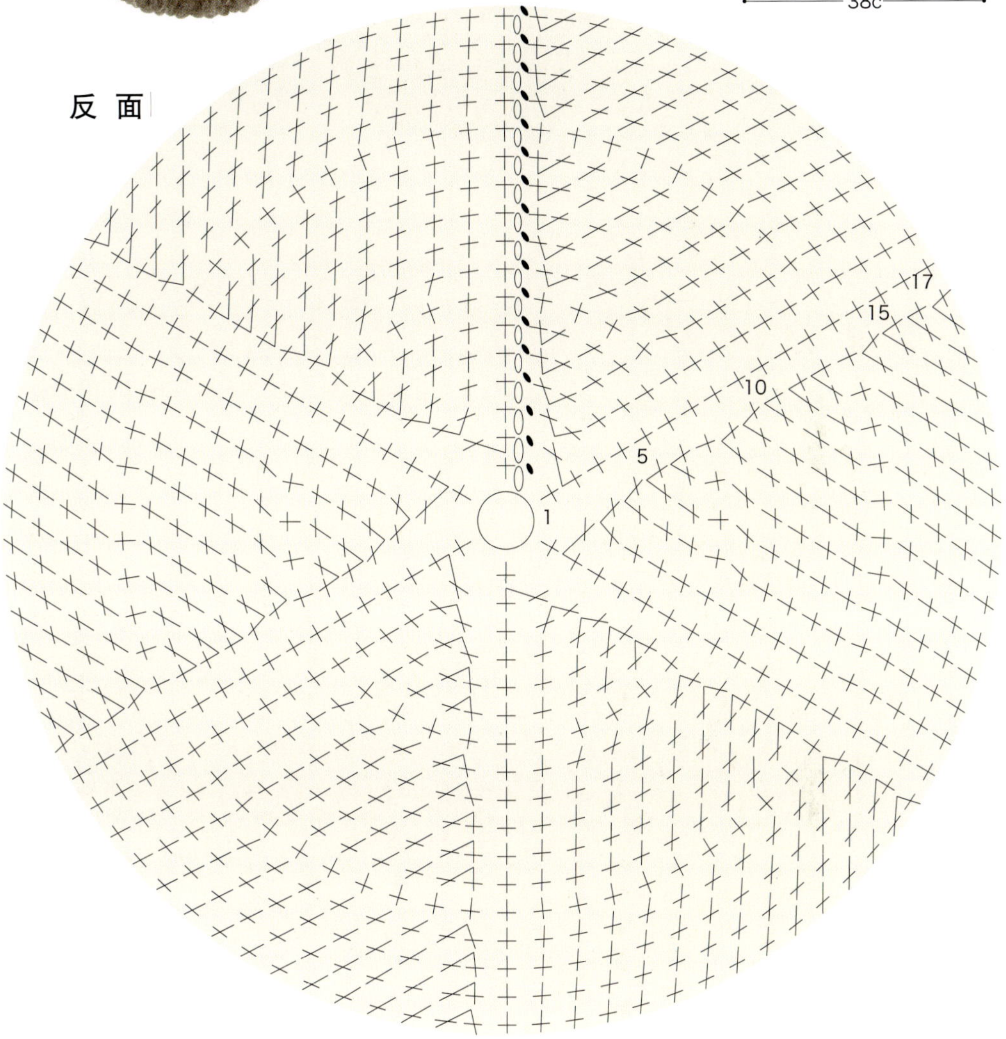

分步教程！

正面、短环针 附2指短环针织法

1 第2行钩织立起的1针锁针，然后绕过2根手指挂线。

2 挂线钩织短针，环形图案显示在反面。

3 重复，钩织第2行。

反面的状态。本作品是将反面作为正面使用的。

雪花　第19页

[准备用具]
- 线…Hamanaka Bonny
  深灰色(481) 2卷　　象牙白(442) 1卷
- 钩针…8/0号

[尺寸] 直径约31cm

[编织方法]
正面…钩针环形起针，前3行均用深灰色线编织，从第4行开始与象牙白毛线每行交替编织。
反面…钩针环形起针，用深灰色线长针编织。
收尾…正面和反面2枚织片对齐，用缘编法连接。

反 面

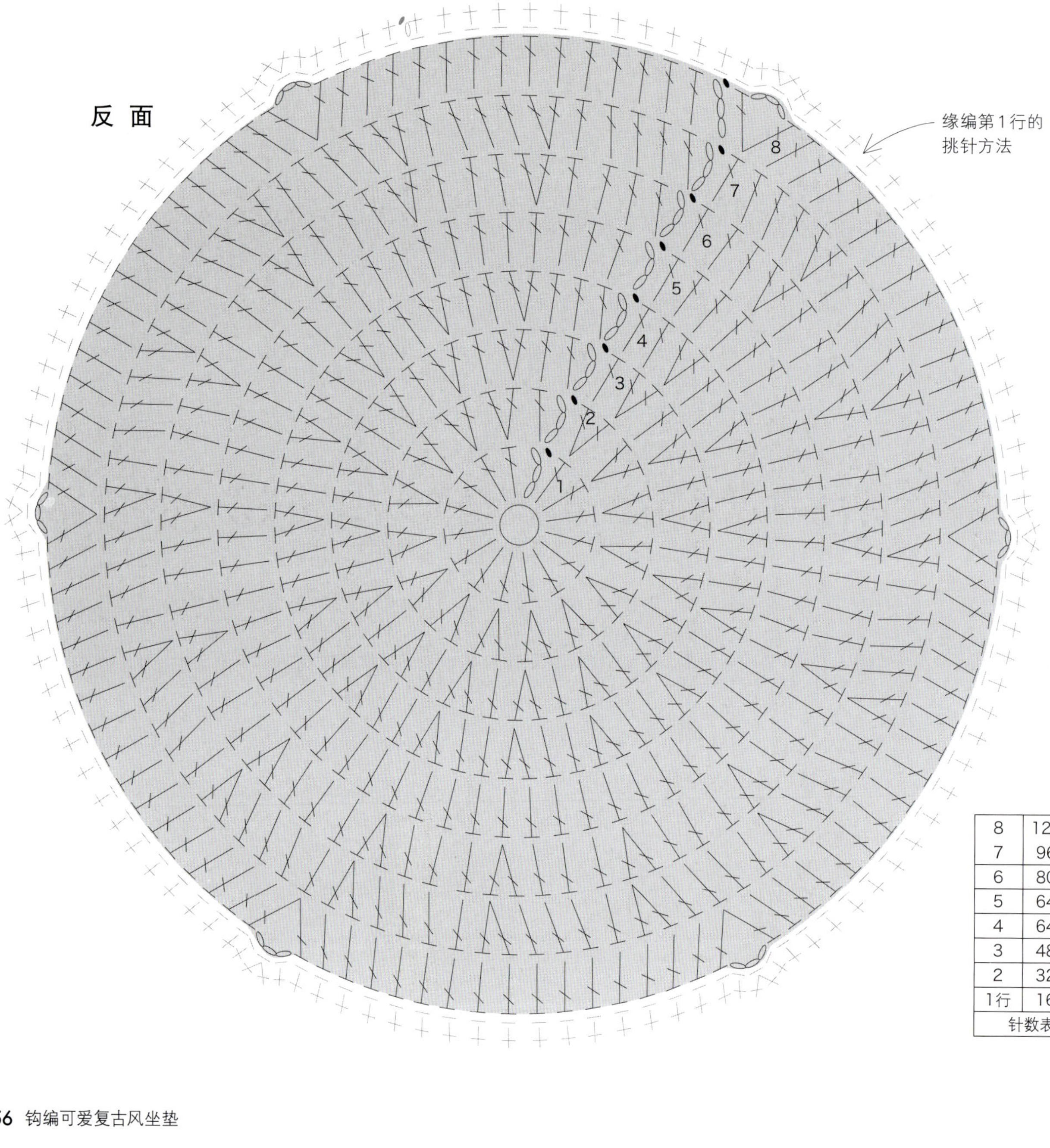

缘编第1行的挑针方法

8	120针	(+24针)
7	96针	每行
6	80针	(+16针)
5	64针	
4	64针	每行
3	48针	(+16针)
2	32针	
1行	16针	
针数表		

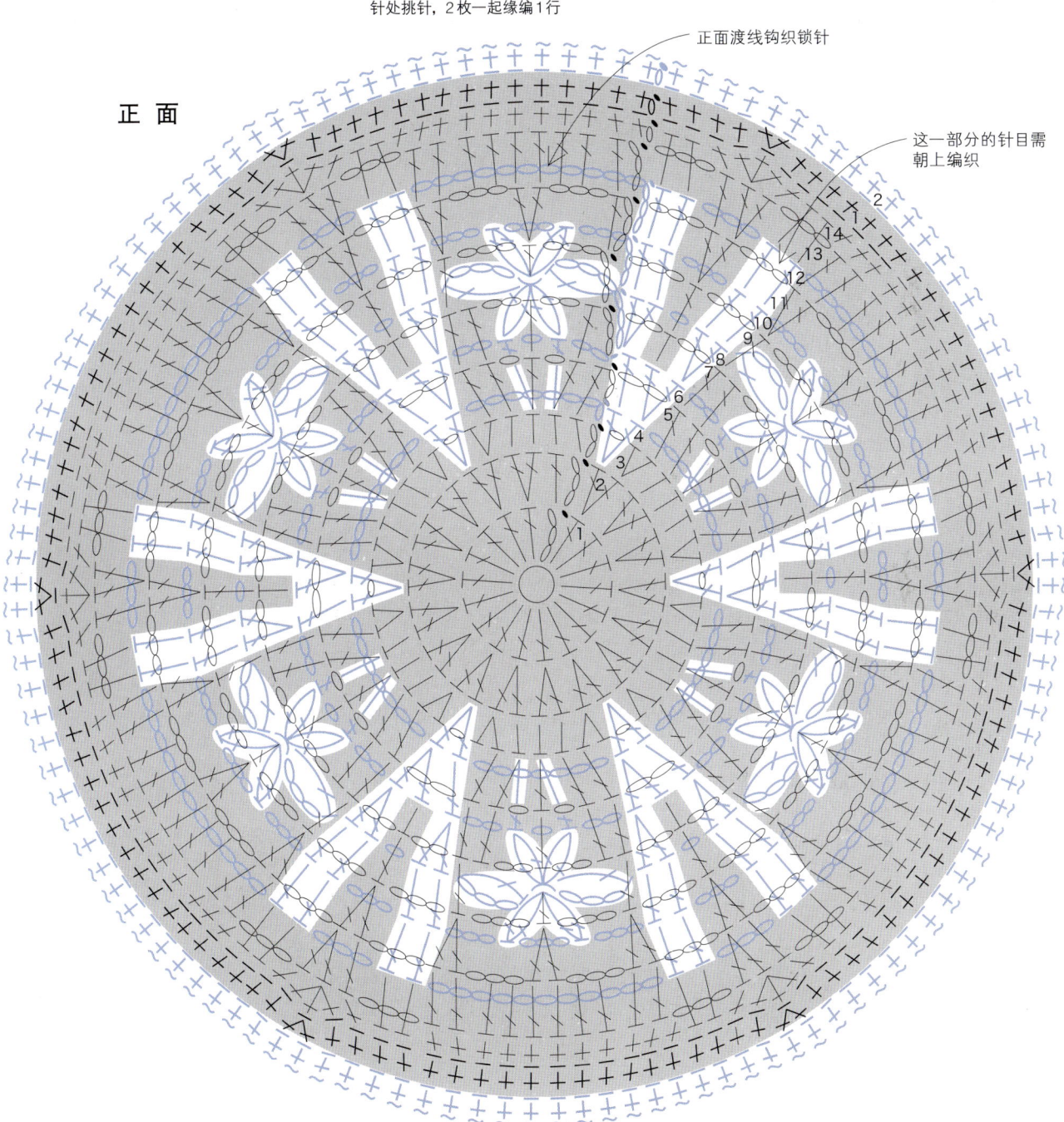

辫子代码 第20页

[准备用具]
- 线…Hamanaka Of Course!Big
  深茶色(106) 6卷
  淡茶色(103) 3卷
- 钩针…10/0号

[尺寸] 约43cm×43cm

[编织方法]
(A)部分为锁针起针,挑起锁针的里山和半针钩织。接着从(C)(D)辫子处挑针编织。各部分编织完成后,按配置图所示,进行拼缝连接,连接完毕后即完成。

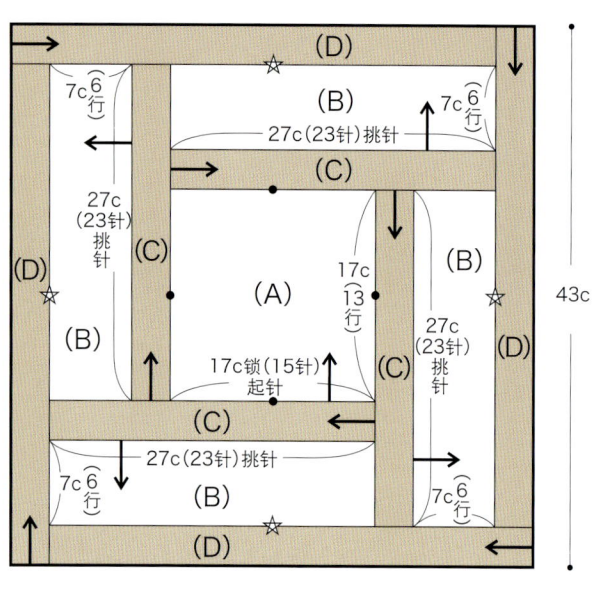

※●、☆拼缝连接

配色
□ 淡茶色
■ 深茶色

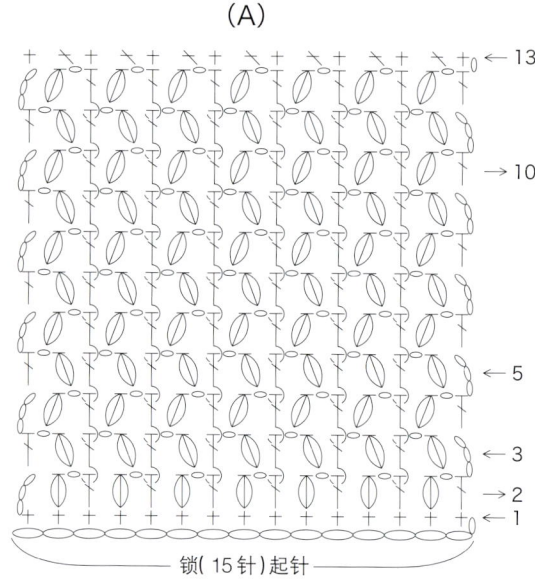

(A)

(B)

分步教程!

(A)(B)的织法

在上一行锁针处解锁挑针,钩织枣形针

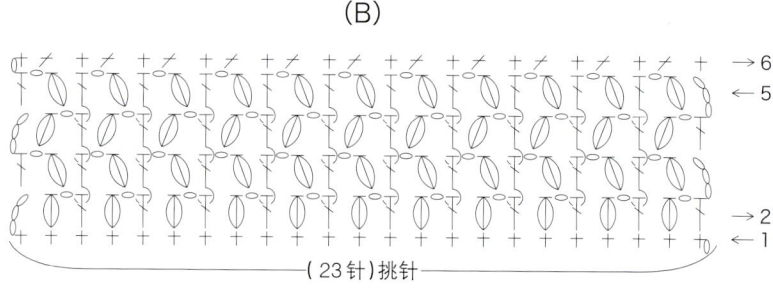

58 钩编可爱复古风坐垫

辫子的编织方法

1 按右下图示编织到第6行时的样子。

2 编织第7行时,将第2行长针编织部分向上折,在顶部的尖角处插入钩针。

3 在第6行挑针拉线。

4 钩织短针。

5 第二步短针编织完成。

6 接着将第1行的长针编织部分向上折,在顶部尖角处插入钩针,按2~4同样方法编织。

7 第7行编织完成。

8 按同样要领重复编织。

9 第25行、第33行的状态。

10 织片(B)从辫子开始挑针编织。

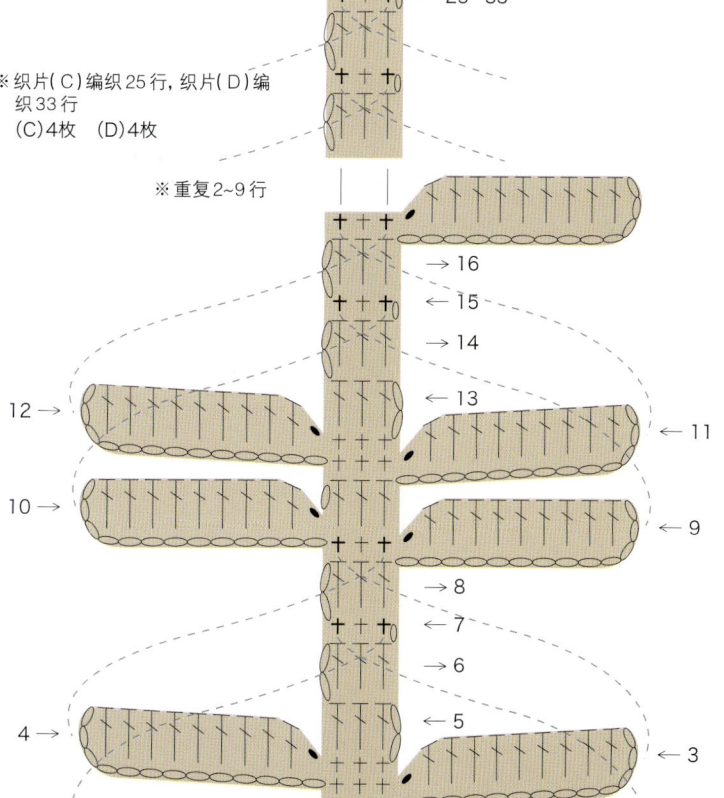

※织片(C)编织25行,织片(D)编织33行
(C)4枚　(D)4枚

※重复2~9行

回归主题 第21页

[准备用具]
- 线…Hamanaka Bask
  胭脂红色(6)、灰色(3)、苔绿色(5)各2卷
- 钩针…10/0号、8/0号

[尺寸] 约37.5cm×37.5cm

[编织方法]
钩针环形起针，每行改变一种配色线，用长针的反拉针针法编织。织完所需枚数后，进行半针卷缝拼接。将正面折到反面缘编，最后在四角处接上绒球即完成。

花片连接　　花片 9枚

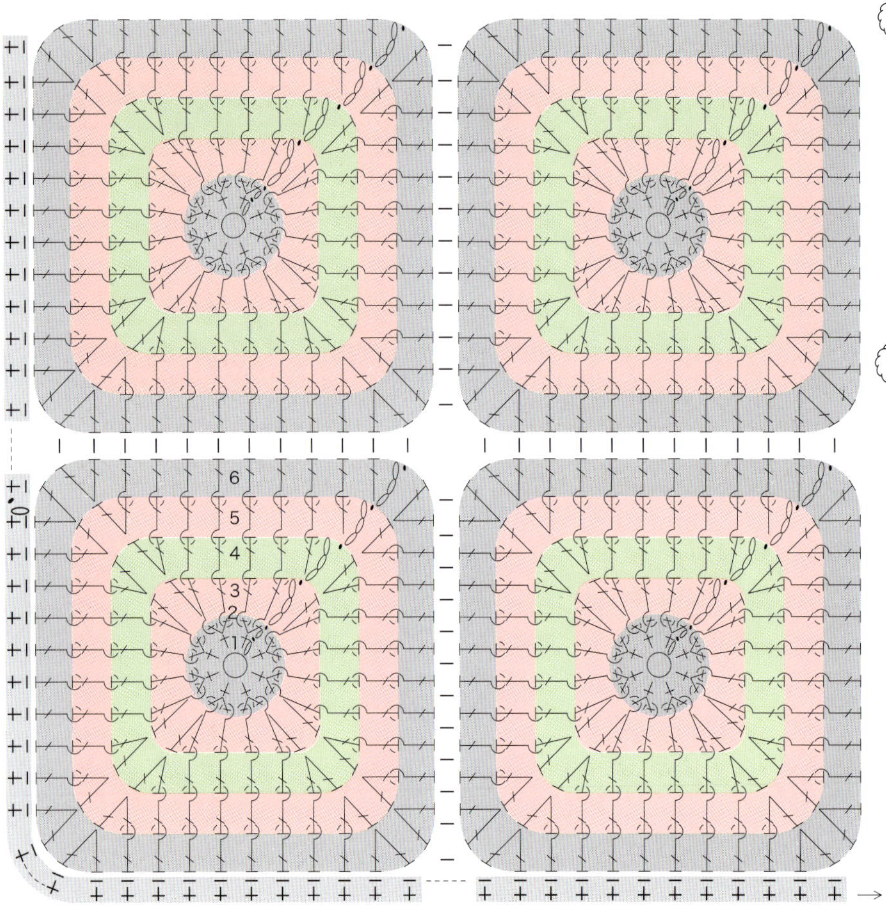

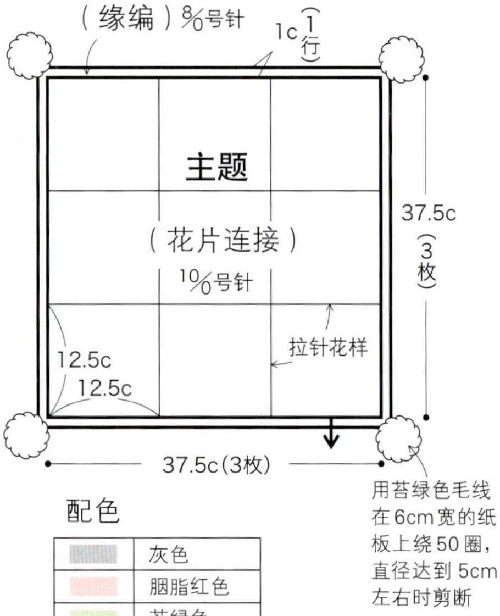

（缘编）8/0号针
1c（1行）

主题
（花片连接）
10/0号针
拉针花样

37.5c（3枚）
12.5c
12.5c
37.5c（3枚）

用苔绿色毛线在6cm宽的纸板上绕50圈，直径达到5cm左右时剪断。

配色
- 灰色
- 胭脂红色
- 苔绿色

绒球制作方法
① 纸板 6cm
② 剪开　扎紧
③

缘编

60　钩编可爱复古风坐垫

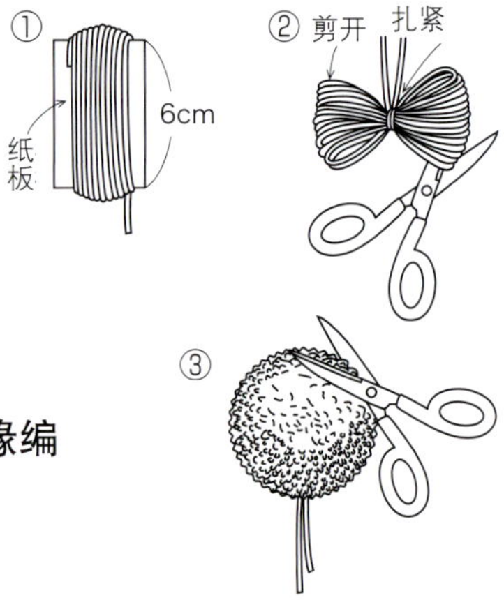

雏菊 第 31 页

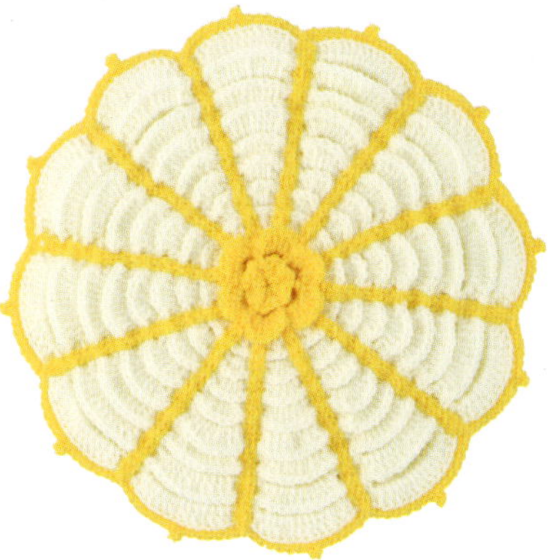

第 4 行
┼ = 第3行从反面在第2行的短针上钩织短针
┼ = 第3行从反面将第2行的锁针成束挑起编织

配色

	黄色
	象牙白

装饰针脚
2 枚一起挑针
引拔针和锁针交替编织

[准备用具]
● 线…Hamanaka Bonny
象牙白(442) 5卷、黄色(416) 1卷
● 钩针…8/0 号

[尺寸] 直径约45cm

[编织方法]
主体部分钩针环形起针，花样编织15行，编织2枚花片。
收尾…将正面和反面2枚织片对齐缘编，再编织装饰针脚，进行连接。

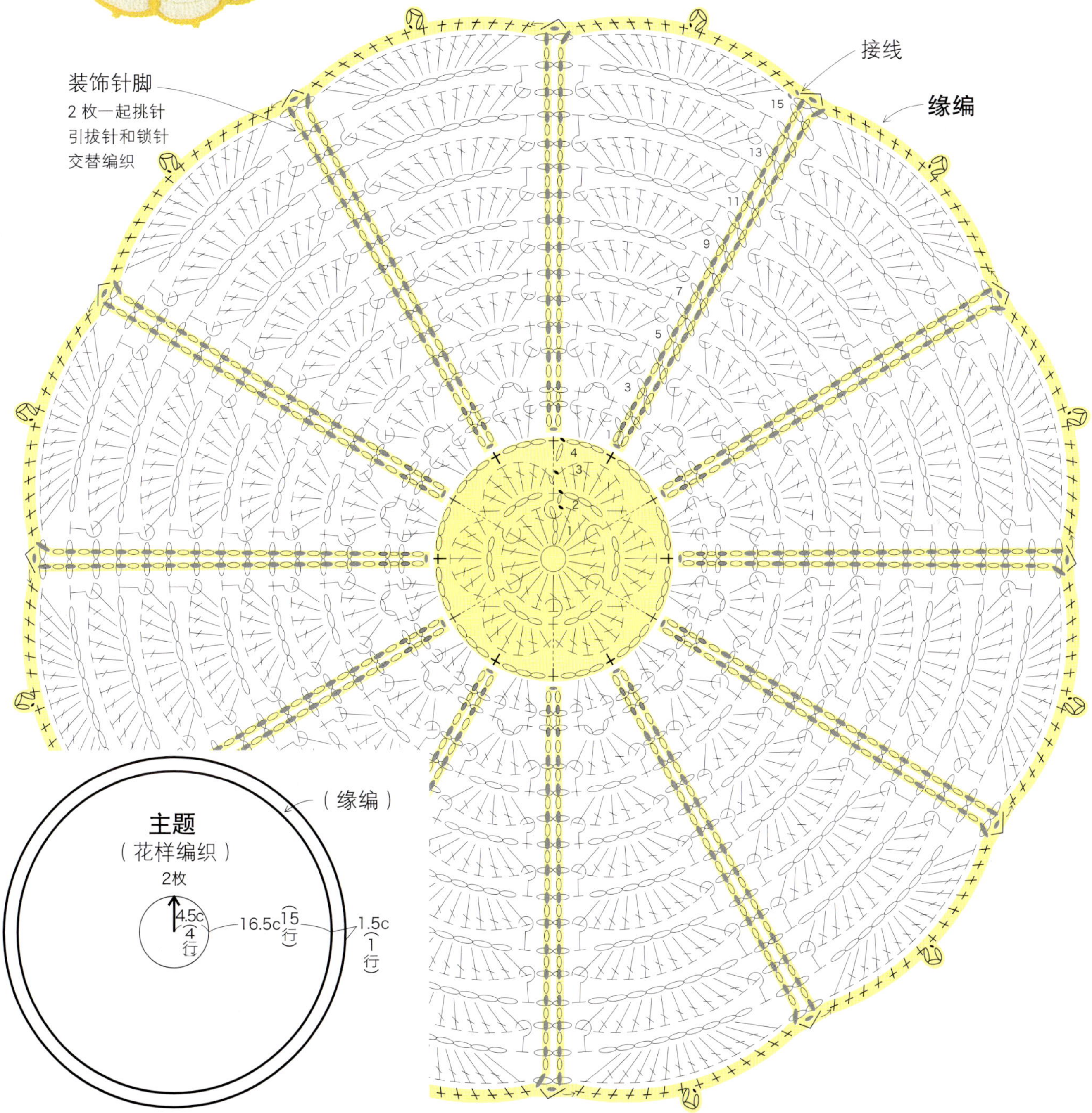

接线

缘编

主题
（花样编织）
2枚

4.5c / 4行   16.5c (15行)   1.5c (1行)

随心绒球 第24页

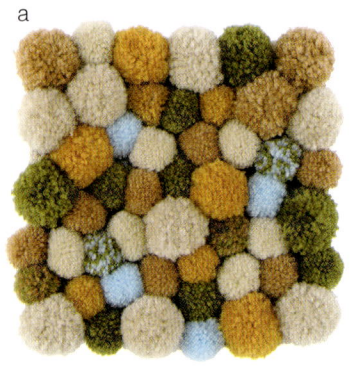
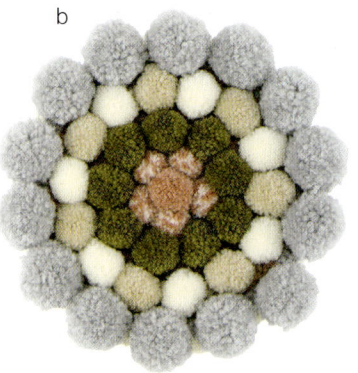

[准备用具]
- 线…Hamanaka 超粗Bonny
  a 浅驼色(2) 3卷 橄榄绿色(12)、驼色(3)、芥末黄色(24)各2卷 浅蓝色(14) 1卷
  b 灰色(28) 5卷 象牙白(1) 2卷 灰粉色(10)、浅驼色(2)、橄榄绿色(12)各1卷
  Hamanaka Bonny
  a 驼色(418)、橄榄绿色(493)、浅驼色(417)、芥末黄色(491)、浅蓝色(439)各1卷
  b 橄榄绿色(493) 2卷 浅驼色(417)、象牙白(442)、灰粉色(489)各1卷
  Hamanaka 中粗Bonny b 象牙白(101) 1卷
- 钩针…10/0号、8/0号

[尺寸] a 约38cm×38cm
       b 直径约38cm

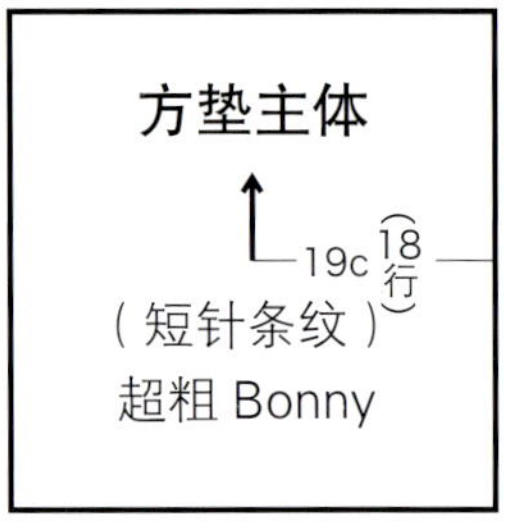

方垫配色
- 橄榄绿色
- 芥末黄色
- 驼色
- 浅驼色
- 浅蓝色

方垫主体
↑ 19c (18行)
(短针条纹)
超粗Bonny

方垫主体

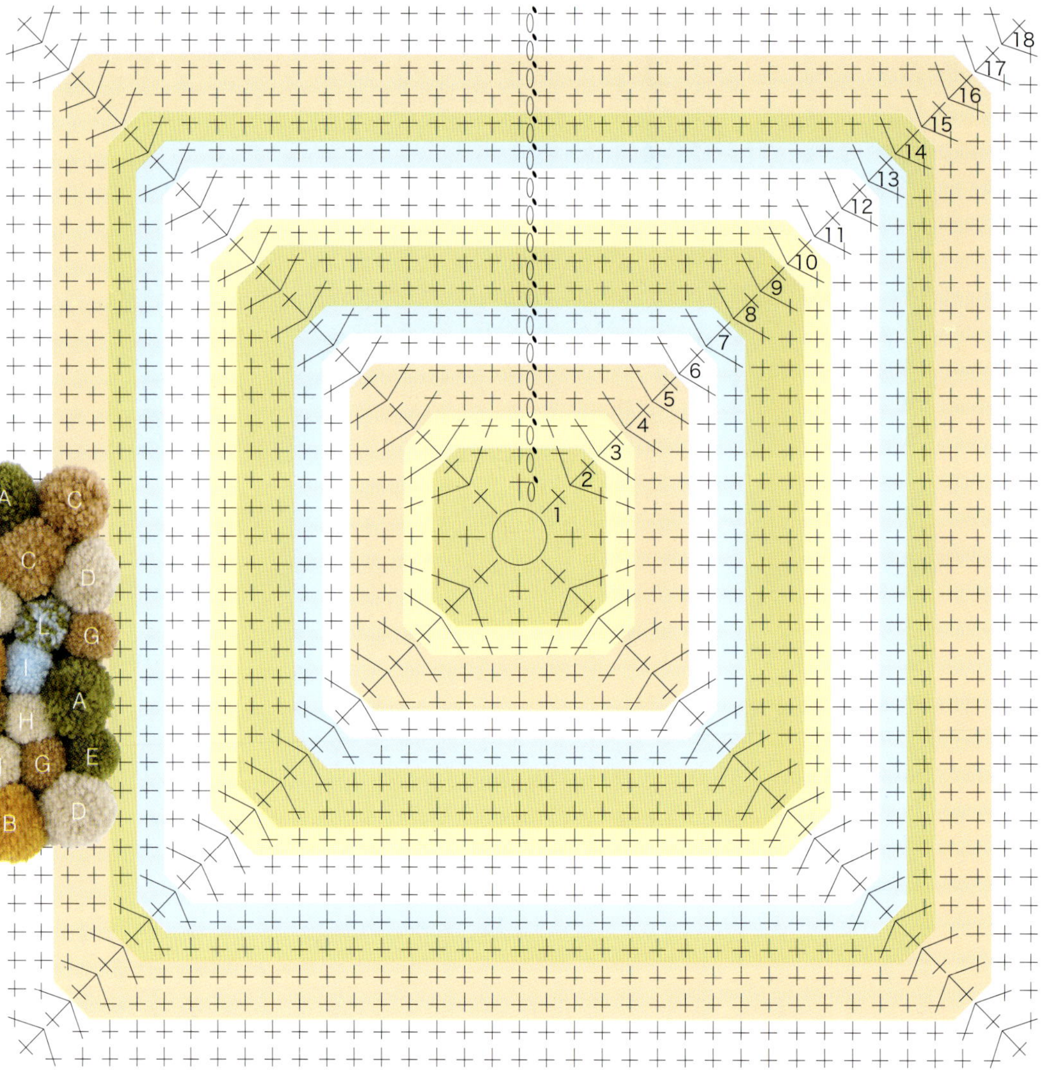

*在织片上连接绒球

b 圆垫用绒球

记号	配色	尺寸(cm)	回数	个数
A	灰色（超粗 Bonny）	6.5	60	14
B	象牙白	4.5	70	7
C	浅驼色	4.5	70	7
D	橄榄绿色	4.5	70	9
E	灰粉色＋象牙白（中粗 Bonny）	3.5	25	5
F	灰粉色	3.5	70	1

※除指定色以外均为Bonny线

A 方垫用绒球

记号	配色	尺寸(cm)	居中	个数
A	橄榄绿色（超粗 Bonny）	6.5	60	3
B	芥末黄色（超粗 Bonny）	6.5	60	4
C	驼色（超粗 Bonny）	6.5	60	3
D	浅驼色（超粗 Bonny）	6.5	70	8
E	橄榄绿色	4.5	70	6
F	芥末黄色	4.5	70	3
G	驼色	4.5	70	7
H	浅驼色	4.5	70	7
I	浅蓝色	4.5	70	4
J	橄榄绿色＋驼色	4.5	70	2
K	浅蓝色＋橄榄绿色	4.5	70	1
L	浅蓝色＋橄榄绿色	4.5	70	2

※除指定色以外均为Bonny线

圆垫主体
19c（18行）
（短针条纹）
超粗 Bonny

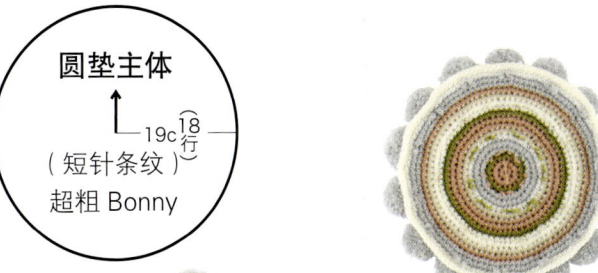

圆垫配色

	灰粉色
	橄榄绿色
	灰色
	象牙白
	浅驼色

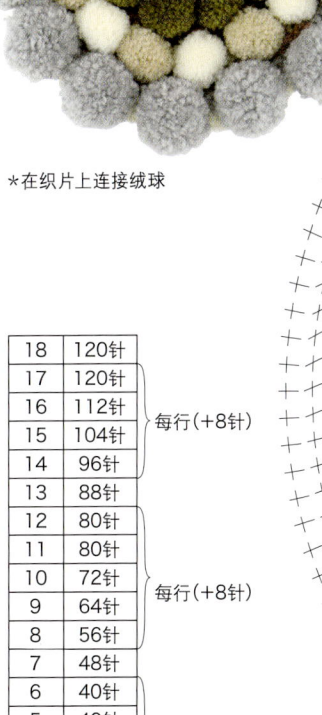

＊在织片上连接绒球

圆垫主体

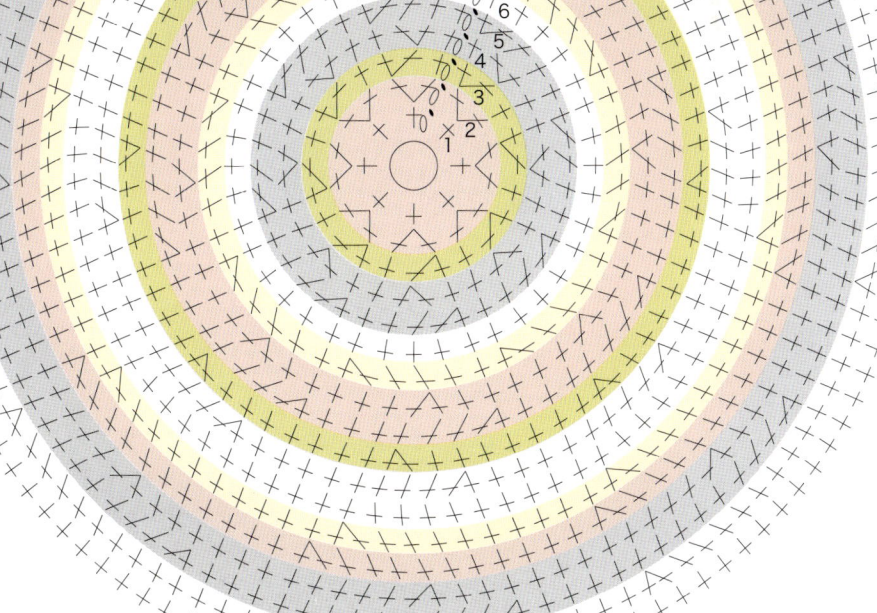

针数表

18	120针	
17	120针	
16	112针	每行(+8针)
15	104针	
14	96针	
13	88针	
12	80针	
11	80针	
10	72针	每行(+8针)
9	64针	
8	56针	
7	48针	
6	40针	
5	40针	
4	32针	每行(+8针)
3	24针	
2	16针	
1行	8针	

褶边之花　第30页

[准备用具]
- 线…Hamanaka Bonny
  浅驼色(417) 5卷　黄色(416)、橄榄绿色(493)、灰色(486)各1卷
- 钩针…8/0号

[尺寸] 直径约39cm

[编织方法]
正面…钩针环形起针，用长针的条纹针针法编织底盘。在条纹针余下的半针处挑针编织花瓣。
反面…钩针环形起针，钩织长针的条纹针。
收尾…正面和反面2枚织片对齐，卷缝拼接。

正面

● = 花瓣挑针位置

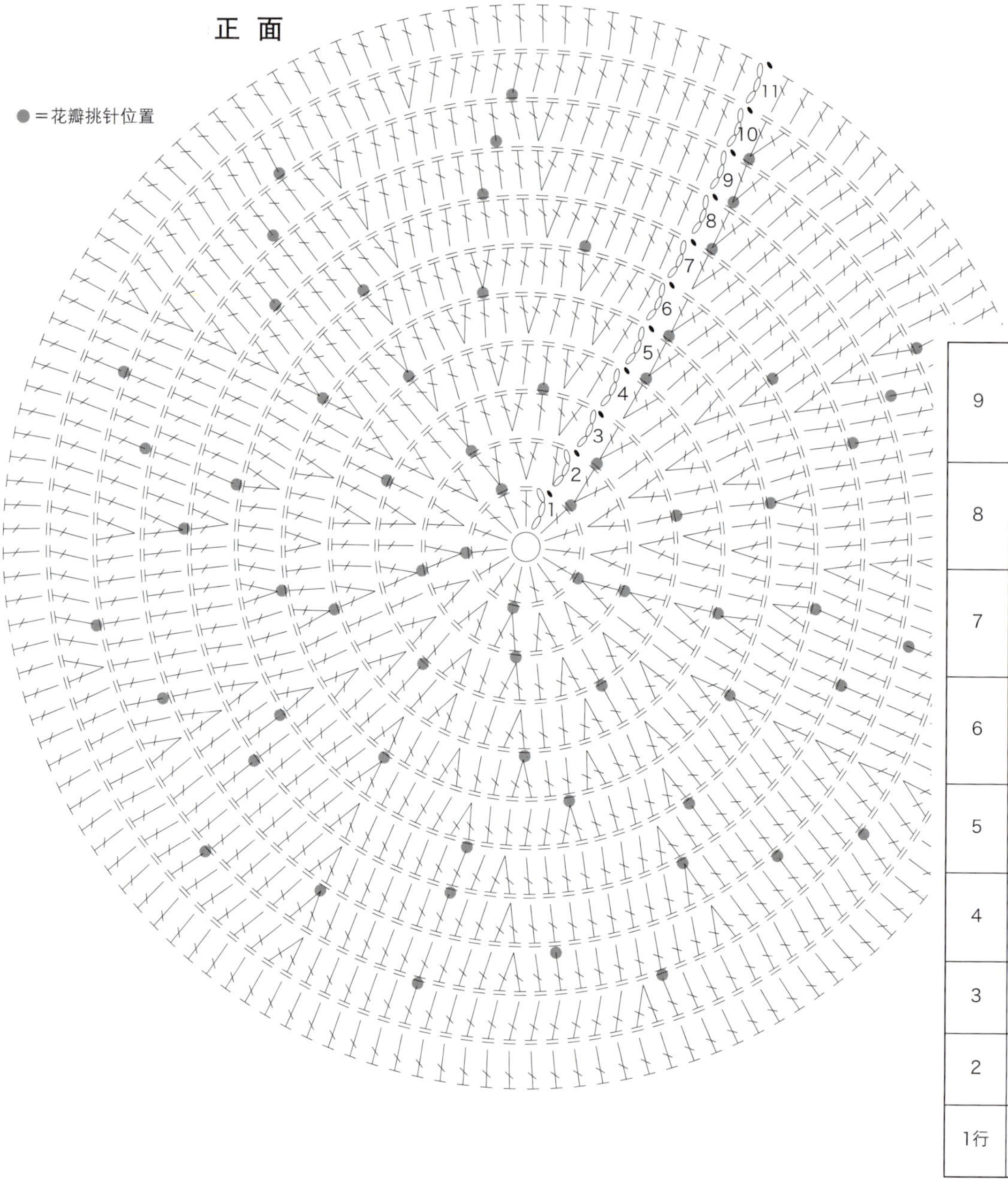

花瓣编织连接方法
第1行

花瓣织法

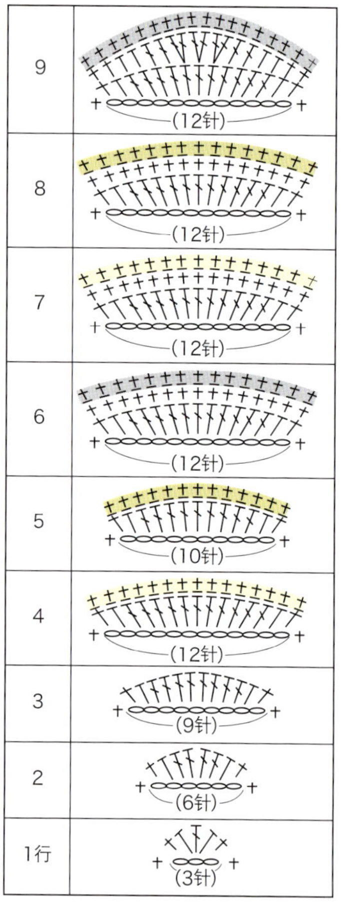

9	(12针)
8	(12针)
7	(12针)
6	(12针)
5	(10针)
4	(12针)
3	(9针)
2	(6针)
1行	(3针)

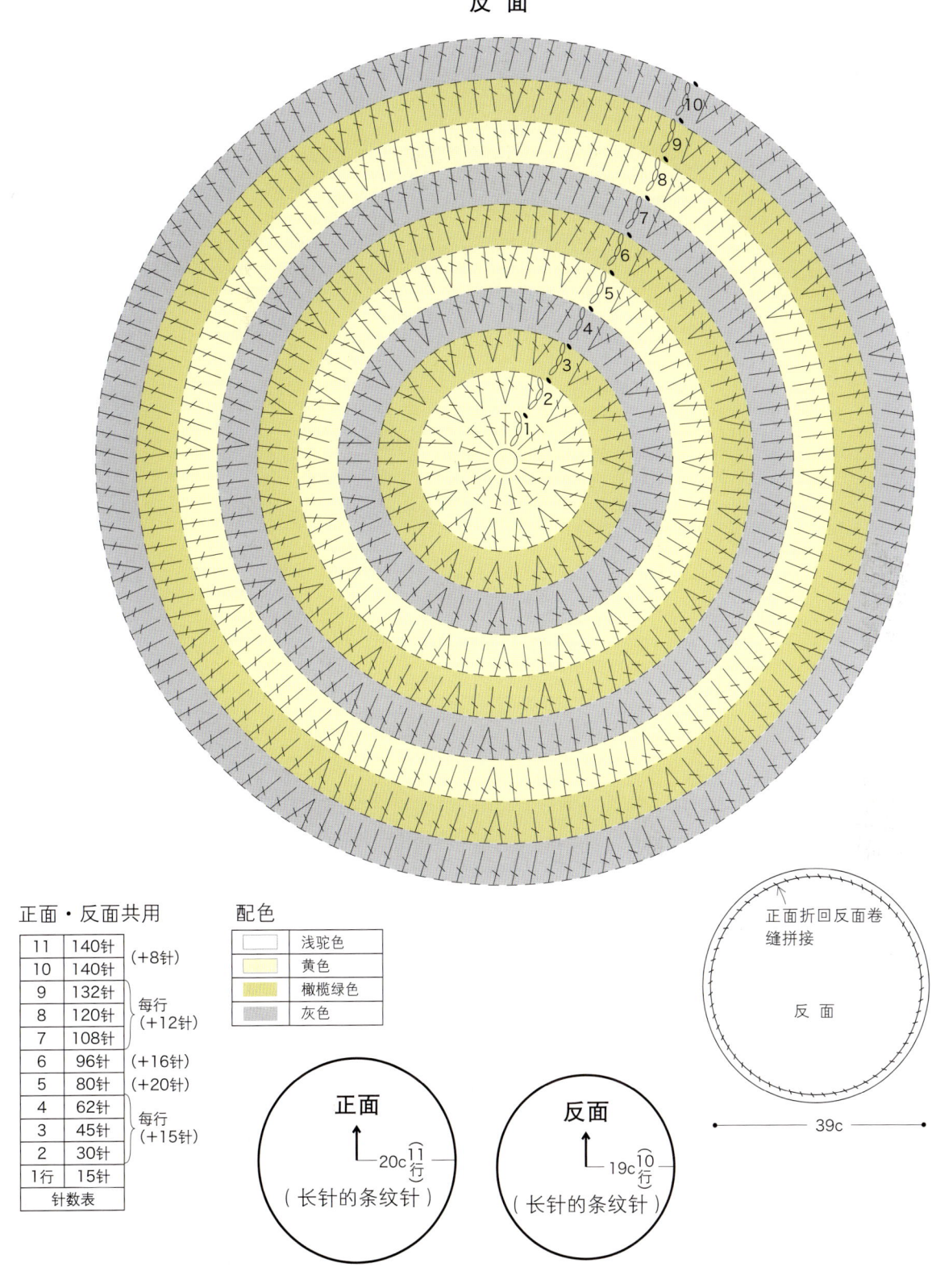

用线一览表（照片同实物大小）

	线名	成分	粗细程度	重量	长度	色数	钩针规格
1	Hamanaka	丙烯纤维 100%	超级粗	50g 每卷	约 30m	30 色	8mm・10mm
2	Hamanaka Bonny	丙烯纤维 100%	极粗	50g 每卷	约 60m	60 色	7.5/0 号
3	Hamanaka 中粗 Bonny	丙烯纤维 100%	中粗	25g 每卷 40g 每卷	约 43m 约 70m	24 色 32 色	5/0 号
4	Hamanaka Men's Club Master	羊毛 60%（使用防缩加工羊毛）丙烯纤维 40%	极粗	50g 每卷	约 75m	27 色	8/0 号
5	Hamanaka Sonomono Roving	羊驼毛 40% 羊毛 30% 苎麻纤维 20% 亚麻纤维 10%	极粗	40g 每卷	约 64m	5 色	8/0 号
6	Hamanaka Sonomono 超粗线	羊毛 100%	超级粗	40g 每卷	约 40m	5 色	8mm
7	Hamanaka Sonomono Loop	羊毛 60% 羊驼毛 40%	超级粗	40g 每卷	约 38m	3 色	8mm
8	Hamanaka Of Course!Big	丙烯纤维 50% 羊毛 30% 羊驼毛 20%	超级粗	50g 每卷	约 44m	14 色	8mm
9	Hamanaka Bask	羊毛 100%	超级粗	50g 每卷	约 45m	8 色	8mm
10	Hamanaka Grand Etoffe	羊驼毛 73% 羊毛 24% 尼龙 3%	超级粗	40g 每卷	约 48m	6 色	8mm
11	Hamanaka 轻柔系!《Multi Color》	尼龙 100%	超级粗	40g 每卷	约 35m	16 色	8mm

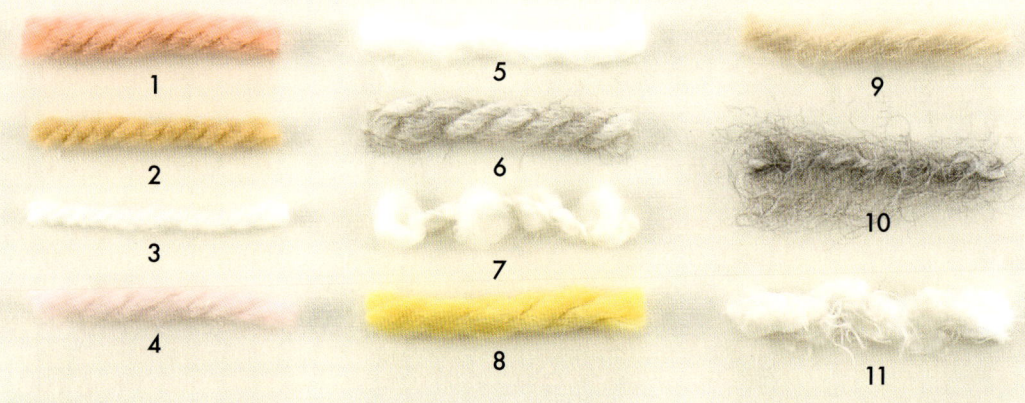

*线的粗细程度仅作参考

钩编基础

锁针起针

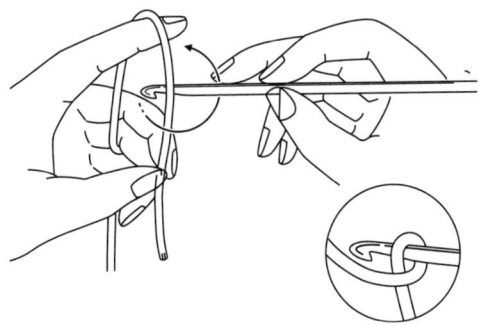
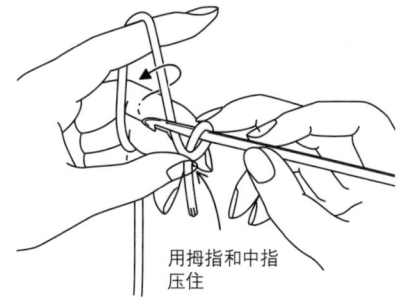
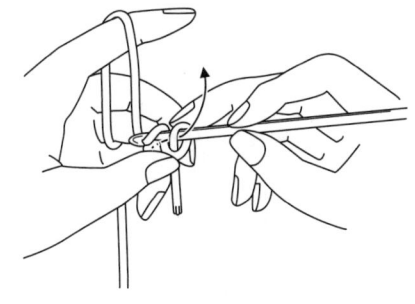

1 针放在线的后侧，按箭头所示方向旋转1圈，卷起毛线。

2 用拇指和中指压住线的交叉点，按箭头所示方向移针挂线。

3 挂线，按箭头所示方向拉出。

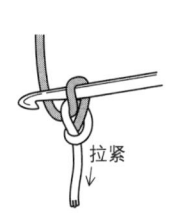
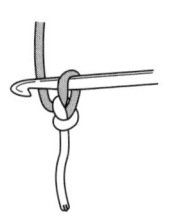
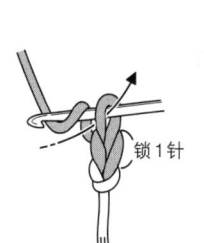

4 拉紧线圈。第1针完成。此针不计算在起针数目内。

5 继续，按箭头所示方向挂线拉出。

6 重复"挂线拉针"，完成所需针数。

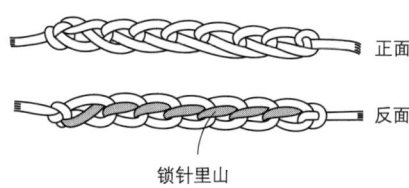

7 锁针的正反面。要记住锁针的里山哦。

起针后的挑针方法

*挑起锁针的里山（1根线）

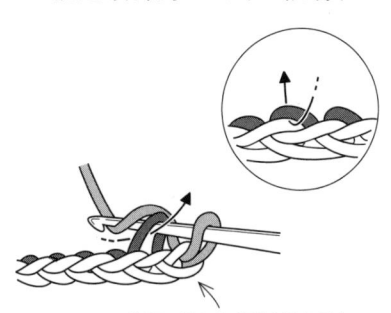

钩织1针立起的锁针（短针）

用锁针起针，然后钩织1针立起的锁针，挑起锁针的里山钩织第1行。

*挑起锁针的里山和半针（2根线）

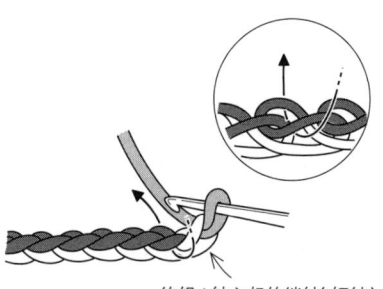

钩织1针立起的锁针（短针）

用锁针起针，然后钩织1针立起的锁针，挑起锁针的里山和半针钩织第1行。

用线头环形起针

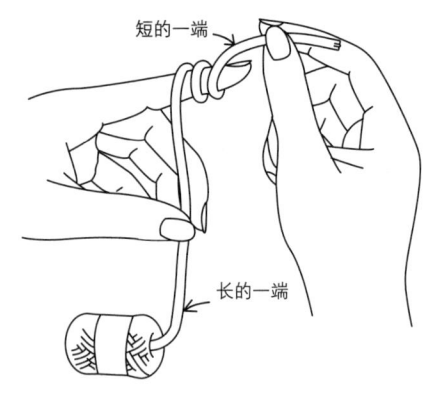
1
将线在手指上绕2圈。

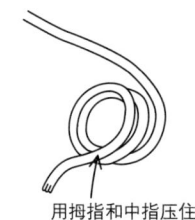
用拇指和中指压住
2
取下线圈,长的一段挂在左手上,用拇指和中指压住线的交叉点。

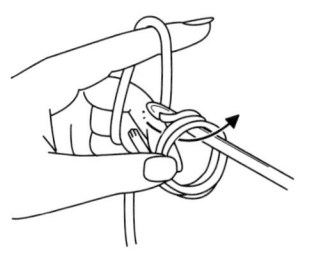
3
钩针插入线圈中间,拉出线。

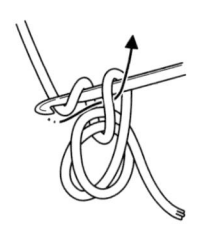
4
再一次挂线拉出,拉紧针目。

＊继续编织（短针的情况）

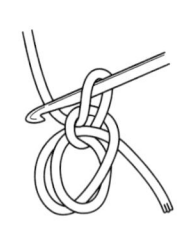
5
至此起针完成,此针不计算在起针数目内。

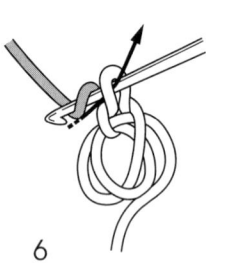
6
钩织1针立起的锁针。

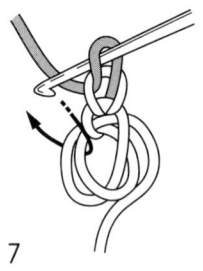
7
继续,针插入线圈中。

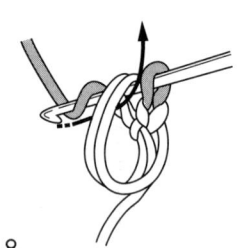
8
挂线拉出。

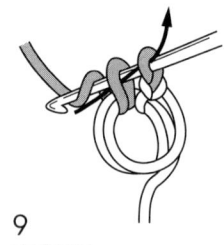
9
完成短针。

＊拉紧中心线圈的方法

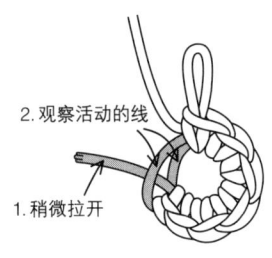
2.观察活动的线
1.稍微拉开
1
第1行编织完成后,稍微拉一下线头,确认活动的线。

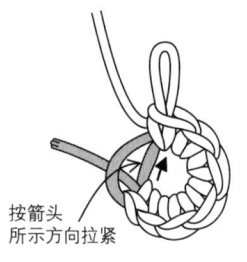
按箭头所示方向拉紧
2
将没有活动的线按箭头所示方向拉紧,缩小线圈。

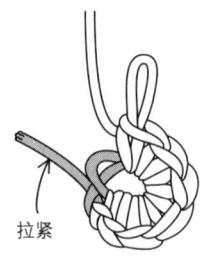
拉紧
3
再次拉紧线头。

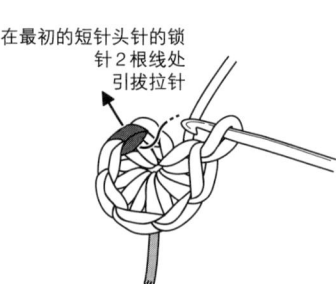
在最初的短针头针的锁针2根线处引拔拉针
4
在钩织终点将最初的短针头针的锁针2根挑起,然后挂线拉出,即完成该行。

| ⬚ 锁针 | | | | ⬛ 引拔针 | |

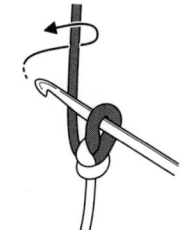 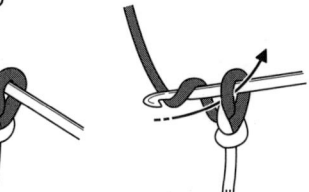 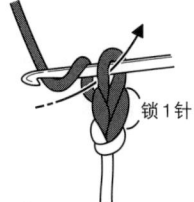 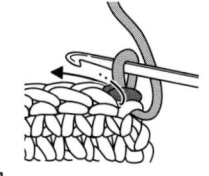 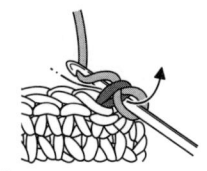

1　移动钩针，挂线。　　2　从针目中间拉出钩针。　　3　锁1针完成。　　1　将钩针插入上一行针目。　　2　针上挂线，一并引拔拉出。

✚ (✕) 短针　JIS记号

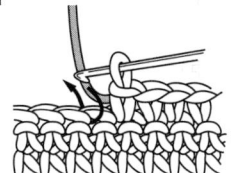 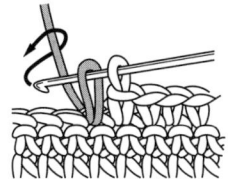 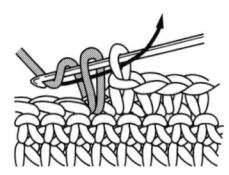 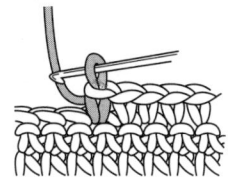

1　在上一行针目头针的2根线处插入钩针。　　2　针上挂线，拉出。再挂线。　　3　2个线圈一并引拔拉出。　　4　短针1针完成。

┬ 中长针

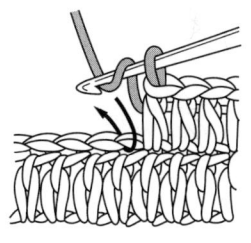 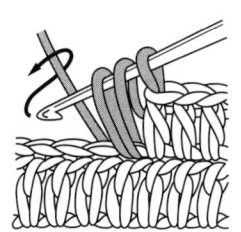 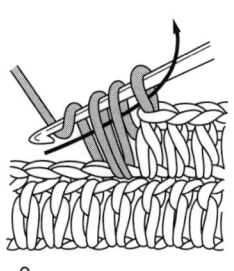 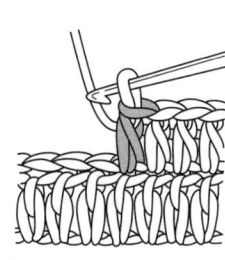

1　针上挂线，在上一行针目的头针2根线处插入钩针。　　2　针上挂线，拉出。再挂线。　　3　3个线圈一并引拔拉出。　　4　中长针1针完成。

┬ 长针

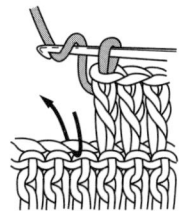 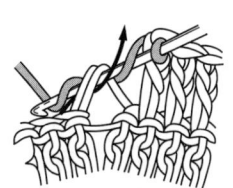 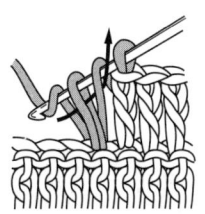 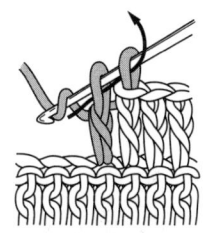

1　针上挂线，在上一行针目的头针2根线处插入钩针。　　2　针上挂线，按箭头所示方向拉出。　　3　再次挂线，按箭头所示方向2个线圈一并引拔拉出。　　4　再次挂线，按箭头所示方向引拔拉线即完成。

短针2针并1针

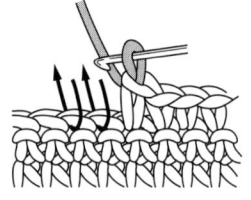

1 按箭头所示插入钩针,钩织2针未完成的短针。

2 针上挂线,3个线圈一并引拔拉出。

3 完成。2针减为1针。

 长针2针并1针

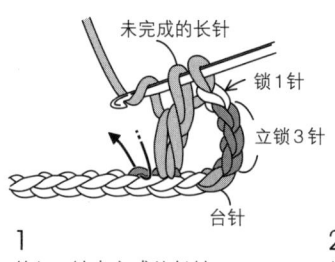

1 钩织1针未完成的长针。

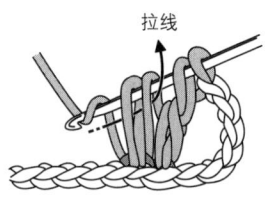

2 继续进行未完成的长针编织。

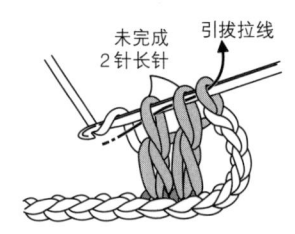

3 针上挂线,3个线圈一并引拔拉出。

4 完成。2针减为1针。

 短针1针放2针

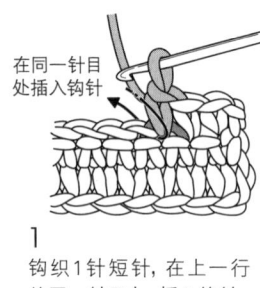

1 钩织1针短针,在上一行的同一针目中,插入钩针。

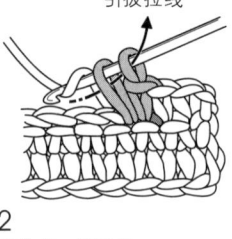

2 再钩织1针短针。

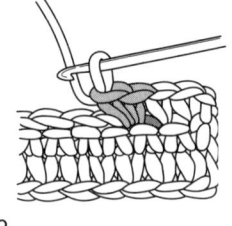

3 加1针后的状态。

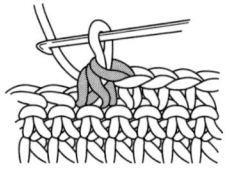 长针 1针放2针

在上一行的同一针目中钩织2针长针。

⊞ 短针的条纹针

＊环编的情况

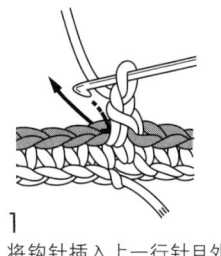

1 将钩针插入上一行针目外侧的半针中。

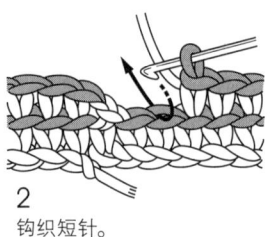

2 钩织短针。

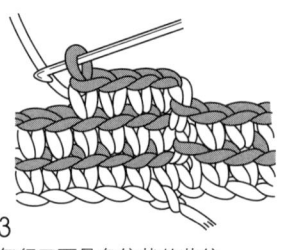

3 每行正面是条纹状的花纹。

＊平编的情况

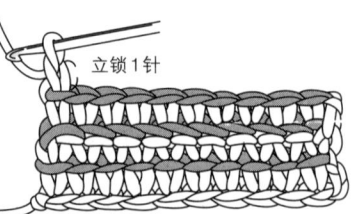

将钩针插入上一行针目外侧的半针中,钩织短针。每行正面是条纹状的花纹。

长针的正拉针

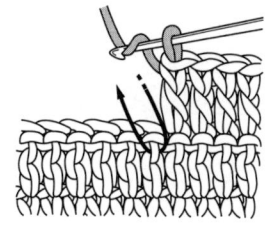
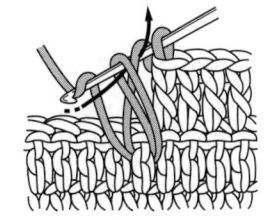
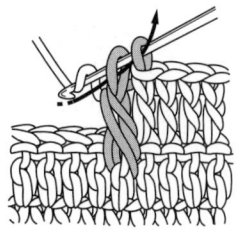
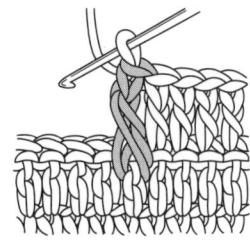

1
针上挂线,按箭头所示方向,在上一行针目的尾针处插针。

2
挂线拉长,再挂线引拔拉出。

3
再次挂线,剩余的2个线圈一并引拔拉出。

4
完成。

 长针的反拉针

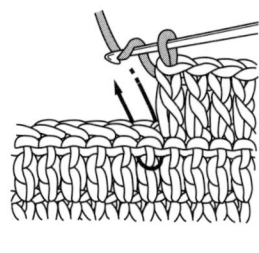
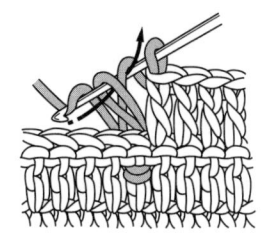
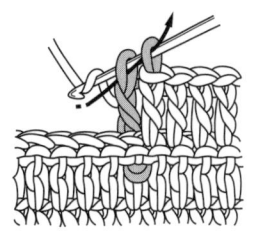
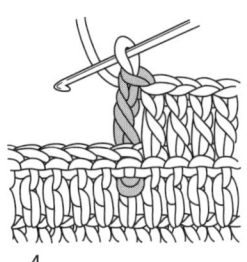

1
针上挂线,按箭头所示方向,在上一行针目的尾针处插针。

2
挂线拉长,再挂线引拔拉出。

3
再次挂线,剩余的2个线圈一并引拔拉出。

4
完成。

 变化的中长针3针的枣形针

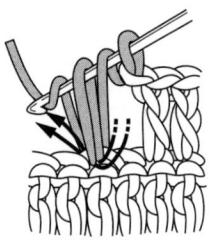
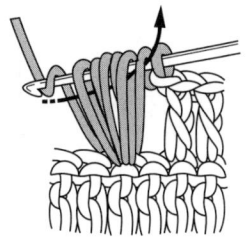
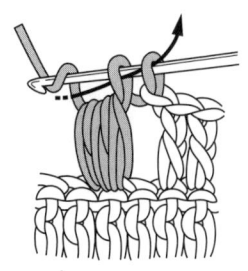
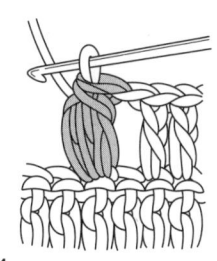

1
在上一行的同一针目中钩织未完成的3针中长针。

2
挂线,6个线圈一并引拔拉出。

3
再次挂线,引拔穿过剩下的2个线圈。

4
完成变化的中长针3针的枣形针。

 锁针3针的狗牙拉针

 在锁针中织锁针3针的狗牙拉针

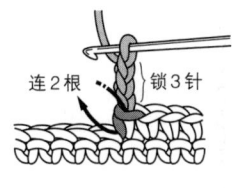

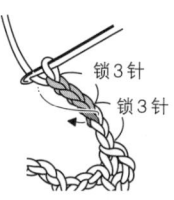

1
钩织3针锁针,按箭头所示方向,将钩针插入短针头针的半针和尾针1根线中。

2
针上挂线,按箭头所示方向,一并引拔抽针。

3
完成。

1
饰边处连锁3针,第4针钩针插回第1针。

2
针上挂线,所挂线圈一并引拔抽针。

71

中长针3针的枣形针

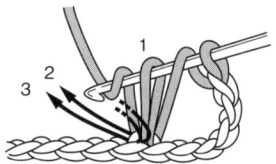
1
针上挂线拉长,再挂线引拔拉出。

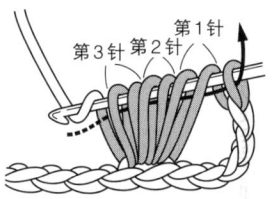
2
针上再次挂线,剩余的2个线圈一并引拔拉出。

3
完成。

长针5针的爆米花针

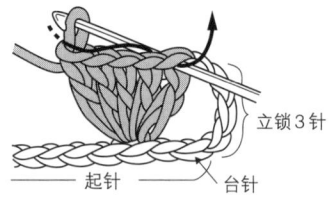
1
钩织5针长针,拔出钩针,在最初的针目和放开的线圈中插针。

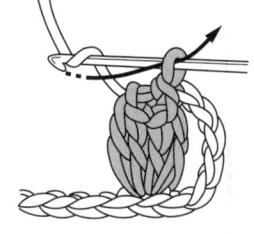
2
如箭头所示方向拉出,再钩织1针锁针,引拔拉紧线。

3
完成。

配色条纹换线方法

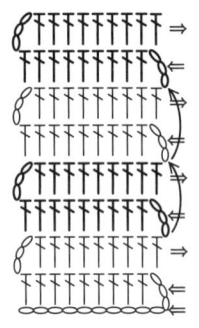

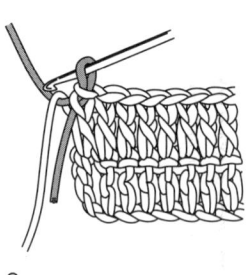
1
最后一针引拔抽出时,本线从对侧搭向手前方,改用配色线引拔拉出。

2
引拔后状态。本线暂时停止钩织,用配色线钩织2行。

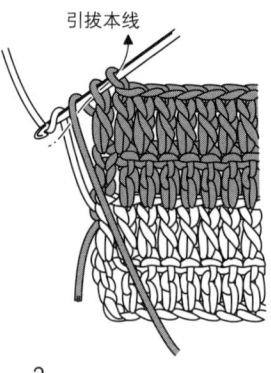
3
织最后一针时,跟步骤1同样挂线,挂上本线引拔拉出。

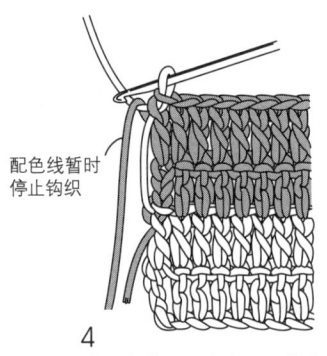
4
钩织完成。要注意不要挂住上方的线。

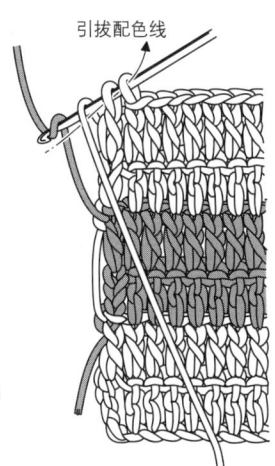
5
暂时停止钩织的线从外侧向里侧挂住。

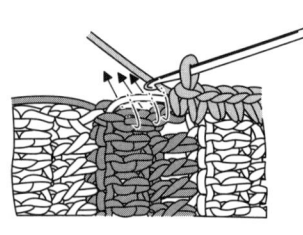
6
渡线缘编收尾。

花片连接方法

*引拔拼接

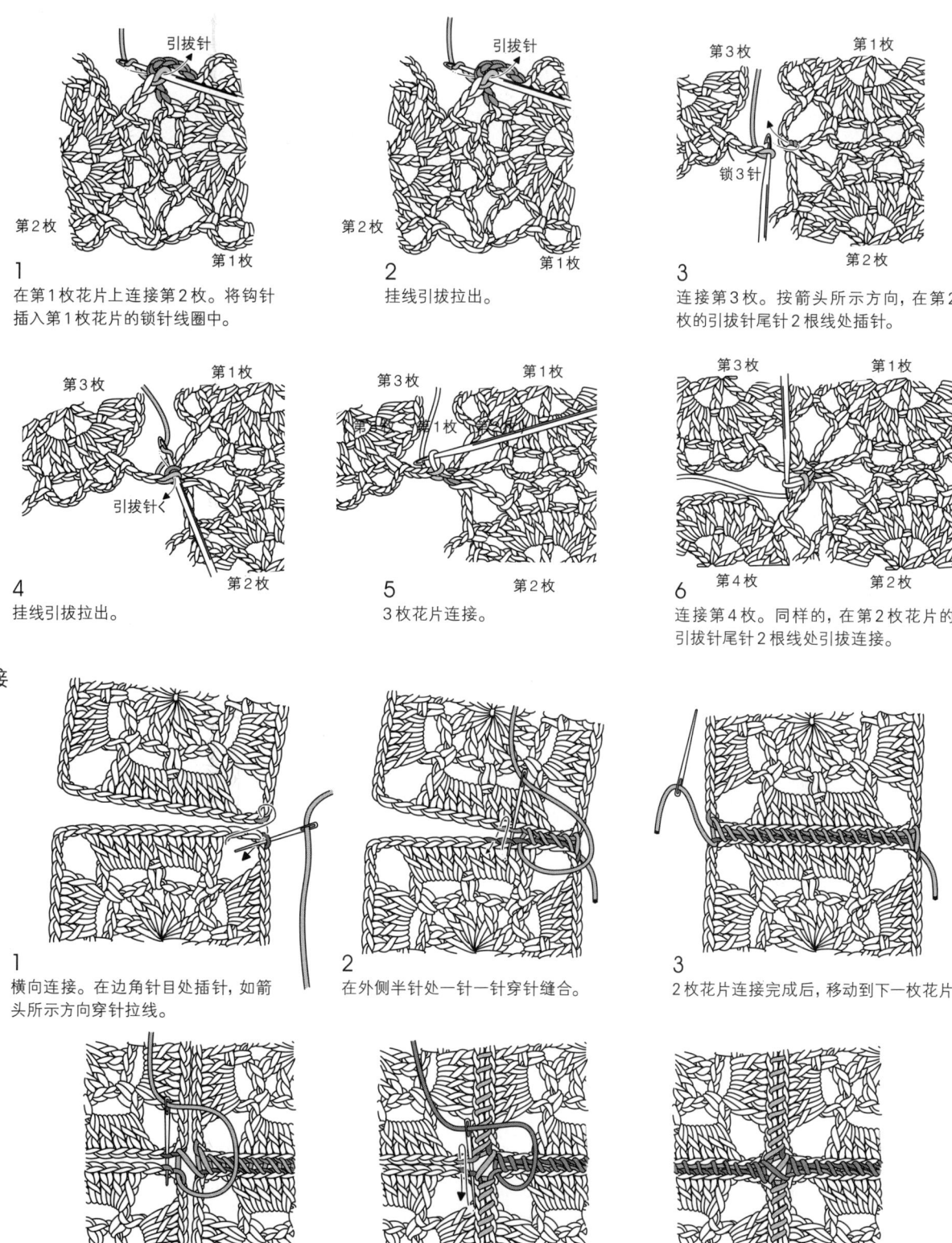

1 在第1枚花片上连接第2枚。将钩针插入第1枚花片的锁针线圈中。

2 挂线引拔拉出。

3 连接第3枚。按箭头所示方向,在第2枚的引拔针尾针2根线处插针。

4 挂线引拔拉出。

5 3枚花片连接。

6 连接第4枚。同样的,在第2枚花片的引拔针尾针2根线处引拔连接。

*半针卷缝拼接

1 横向连接。在边角针目处插针,如箭头所示方向穿针拉线。

2 在外侧半针处一针一针穿针缝合。

3 2枚花片连接完成后,移动到下一枚花片。

4 接下来的2枚花片也按同样方法穿针缝合。

5 纵向也按同样要领连接。

6 4枚花片边角处需仔细交叉缝紧。

图书在版编目（CIP）数据

钩编可爱复古风坐垫 /（日）伊藤和枝等著；Percy 译．——北京：华夏出版社，2016.7
ISBN 978-7-5080-8735-1

Ⅰ．①钩… Ⅱ．①伊… ②P… Ⅲ．①钩针－编织－图集 Ⅳ．①TS935.521-64

中国版本图书馆 CIP 数据核字 (2016) 第 021789 号

KEITO NO CUSHION (NV80238)
Copyright © NIHON VOGUE-SHA 2011 All rights reserved
Photographer: NORIAKI MORIYA
Designer of the projects in this book: YASUKO HAYAKAWA,MICHIKO FURUYA,KUNIKO HAYASHI,KEIKO OKAMOTO, Sachiyo*Fukao, AYA KASAMA, murako
Original Japanese edition published in Japan by NIHON VOGUE CO., LTD.,Simplified Chinese translation rights arranged with BEIJING BAOKU INTERNATIONAL CULTURAL DEVELOPMENT Co., Ltd.
版权所有 翻版必究
北京市版权局著作权合同登记号：图字 01-2012-8357

	钩编可爱复古风坐垫
著 者	伊藤和枝等
译 者	Percy
责任编辑	尾尾鱼
美术编辑	Grace
责任印制	刘 洋
出版发行	华夏出版社
经 销	新华书店
印 刷	北京华宇信诺印刷有限公司
装 订	三河市少明印务有限公司
版 次	2016年7月北京第1版 2016年7月北京第1次印刷
开 本	889x1194 1/16开
印 张	5
字 数	35千字
定 价	35.00元

华夏出版社 地址：北京市东直门外香河园北里4号 邮编：100028
网址：http://www.hxph.com.cn 电话：（010）64663331（转）
若发现本版图书有印装质量问题，请与我社营销中心联系调换。